U0839646

江泽民总书记于一九九九年春为海沧大桥题写桥名，现已镶刻在悬索桥索塔上横梁正中并用霓虹灯装饰，极目可望。

厦门海沧大桥夜景

厦门海沧大桥建设丛书

第五册

西航道连续刚构桥

潘世建　杨盛福　主编

人民交通出版社

北京·2001

内 容 提 要

厦门海沧大桥西航道桥为跨度78m + 140m + 78m + 2×42m联长380m弯坡斜连续刚构桥，结构受力状态与直线刚构桥有所不同，对施工监控的要求也更高。本册除了在第一、二篇中详细介绍弯坡斜连续刚构桥设计、施工之外，还在第三篇中详细介绍弯坡斜连续刚构桥的结构分析理论和试验研究成果，在第四篇中介绍工程施工监理经验。

图书在版编目(CIP)数据

西航道连续刚构桥／潘世建，杨盛福主编．－北京：人民交通出版社，2001．8

(厦门海沧大桥建设丛书；5)

ISBN 7－114－04050－4

Ⅰ.西... Ⅱ.①潘...②杨... Ⅲ.公路桥:刚构桥－桥梁工程－概况－厦门市 Ⅳ.U448.14

中国版本图书馆CIP数据核字(2001)第060840号

厦门海沧大桥建设丛书

第五册

西航道连续刚构桥

潘世建 杨盛福 主编

正文设计:王静红 责任校对:张 莹 责任印制:杨柏力

人民交通出版社出版发行

(100013 北京和平里东街10号 010 64216602)

各地新华书店经销

北京凯通印刷厂印刷

开本:880×1230 $\frac{1}{16}$ 印张:8 插页:1 字数:218千

2002年1月 第1版

2002年1月 第1版 第1次印刷

印数:0001－3500册 定价:25.00元

ISBN 7-114-04050-4

U·02956

《厦门海沧大桥建设丛书》编委会

序 言

这是一部情意浓浓的回忆录，
它把我们带回到漫长的建设历程。
这是一部展示现代桥梁技术的教科书，
它引导我们去攀登新的高峰。
这是一部人与自然、梦想与现实的画卷，
它让我们品味到工程与艺术的和谐韵律。
这是一部用数据写成的史诗，
它记载着艰苦的耕耘和丰收的喜悦。
这是一份特殊的礼物，
它包含了建设者们向新世纪献礼的全部心意。

《厦门海沧大桥建设丛书》共计九册。第一册《工程建设与管理》、第二册《科研·试验·专用技术标准》、第三册《桥梁景观》、第四册《东航道悬索桥》、第五册《西航道连续刚构桥》、第六册《互通立交·引桥·引道》、第七册《交通工程》、第八册《桥路面铺装工程》、《摄影专集》。

建设海沧大桥曾经是厦门人民多年的梦想。直到邓小平同志南巡厦门之后，海沧大桥才被正式列入《厦门市城市总体规划调整方案》和《厦门市对外交通发展规划》。海沧大桥筹建工作于1984年11月正式启动，至1996年12月18日开工奠基，历时12年，先后完成了工程地质勘探、地形测量、交通量调查分析、桥下通航净空分析；其间，开展了大量的前期科学试验、材料试验、桥梁景观研究、风况监测、大气环境监测等工作；多次组织了有国内外专家参加的技术论证会；编制了专用技术标准。上述工作所取得的成果为预可、工可、初步设计、施工图设计和工程决策提供了科学依据和必不可少的技术支持与保障。在此期间，还解决了在常人看来颇为棘手的建设资金筹措及资金运行问题。

1997年至1999年是海沧大桥施工阶段。由于海沧大桥主桥是我国第一座三跨连续漂浮体系钢箱梁悬索桥，技术含量高，施工难度大。为了保证工程质量，实现创“精品工程”目标，各参建单位又开展科技攻关，依靠科技进步解决施工中的技术问题，加快建设速度，确保工程质量。在施工阶段，各参建单位还探索形成了独具特色的大型公路基本建设工程建设管理经验，创造出许多具有影响又行之有效的工作方法，其中包括：“工程建设管理模式”、“五级质量管理体系”、政府在现场设置“质量监督办公室”、“二级社会监理模式”、“招投标模式”、“建设资金筹措与管理模式”、“大宗建筑材料及商品混凝土供应模式”等。

2000年1月1日海沧大桥如期建成通车之后，建设单位又组建厦门市路桥管理有限公司，专职负责海沧大桥运营管理及维护工作，并与丹麦公路局合作开展现代化大型桥梁养护维修系统研究，使海沧大桥维护管理建立在科学的基础上。同时还探索形成了适应社会主义市场经济的桥梁管理模式。此外，为使大桥不囿于单一的运输功能，还组建了“海沧大桥旅游区经营分公司”专司海沧大桥旅游资源的开发利用，建设了“桥梁博物馆”、“厦门市青少年科技馆”，作为科普教育基地。

海沧大桥最富特色之处在于以下几个方面：

一、突破了传统的桥梁工程建设观念。在初步设计阶段就同步开展系统的桥梁景观工程研究、设计，提出了创“一流景观”、“建设适应21世纪的现代化桥梁”等建设目标，统筹考虑工程建设、景观建设、环境保护和环境建设。此后，又提出了发展桥梁文化、开发桥梁旅游资源、建设桥梁科普基地等新观念。应该说，这些提法与做法在中国桥梁界都具有相当的前瞻性。

二、把桥梁艺术造型美作为选择桥型方案的主要条件。结合大桥景观工程实际，撰写了中国第一部《桥梁景观》专著。

三、在吸取国内外桥梁建设成就的基础上，组织科技攻关，大力引进和开发应用当代最先进的桥梁科学技术。包括采用“三跨连续漂浮体系”，建立先进的交通监控系统，建立完整的防雷系统，研究应用具有中国特色的双层SMA改性沥青混凝土钢桥面铺装技术，研究采用“先缠丝后铺装”施工方案等。

四、进行资产重组，把海沧大桥推向资本运作市场。

五、组建规模较大、技术力量较强的技术管理型工程现场指挥部。指挥部依据合同全面管理设计、施工、监理、实验检测、材料供应等工作，成为实质性的工程建设指挥、协调中心，对工程质量终生负责。

从筹建至今的16年中，海沧大桥在我国改革开放、社会主义经济体制改革不断深入的大潮推动下，在交通部、福建省政府、厦门市政府的领导下，在国内外桥梁界的支持下，在社会各界的关心下，通过各参建单位的辛勤努力，艰苦奋斗，在21世纪到来之际如期建成通车，并实现了预定的质量、工期、投资控制目标。借此机会，我代表海沧大桥建设单位向所有直接或间接参加、支持、关心海沧大桥建设的同志们致以最诚挚地感谢。

历史，将永远铭记。

厦门海沧大桥工程现场指挥部指挥长　潘世建

2001年1月1日

厦门海沧大桥建设丛书

第五册《西航道连续刚构桥》编委会

主　编

涂风云

副主编

曾　超　孟凡超　刘刚亮

主　审

陈德荣

编写人员

江剑虹　孟凡超　袁　洪　王保君　刘成龙
刘俊生　张庆辉　弋　安　吴道凌　夏子金
尹雪辉　朱书敏　邓亚军　吴存全　薛长武
胡　南　池杨敏　康　宏　谢伟英　涂风云
郑　振　彭大文　潘世建　曾　超　程正明
钟延禧　崔文鉴

厦门海沧大桥建设丛书
第五册《西航道连续刚构桥》编写人员

第一篇　设　　计

（本篇作者单位：中交公路规划设计院）

第一章　概论——江剑虹（执笔）、孟凡超、袁　洪
第二章　总体设计——江剑虹（执笔）、孟凡超、袁　洪
第三章　下部结构设计——江剑虹（执笔）、孟凡超、袁　洪
第四章　上部结构设计——江剑虹（执笔）、孟凡超、袁　洪

第二篇　施　　工

（本篇作者单位：广东省长大公路工程有限公司）

第一章　施工组织与管理——王保君、吴道凌、夏子金、朱书敏、弋　安、张庆辉
第二章　施工控制测量系统——刘成龙（执笔）、王保君
第三章　下部结构施工——尹雪辉、吴存全、邓亚军、胡　南、康　宏、池杨敏
第四章　上部结构施工——王保君、刘俊生、张庆辉、薛长武、谢伟英

第三篇　科研试验

（本篇作者单位：厦门市路桥建设投资总公司
福州大学土木建筑工程学院）

第一章　结构分析——徐风云（执笔）、郑　振、潘世建、程正明
第二章　模型试验——徐风云（执笔）、彭大文、曾　超

第四篇　工程施工监理

（本篇作者单位：铁二院监理公司）

第一章　监理工作总述——钟延禧　崔文鉴
第二章　西航道连续刚构桥施工监理——钟延禧　崔文鉴

前　言

西航道连续刚构桥是厦门海沧大桥跨越西航道的辅航道桥。受总体线形控制,该桥设计为78m+140m+78m+2×42m的弯坡斜连续刚构桥,它具有跨度大、连续跨长、桥面宽、造型美观、结构受力复杂等特点。

自广东洛溪大桥建成以来,我国现已建成跨度200m以上的连续刚构桥十余座,最大跨度已达270m(广东虎门大桥辅航道桥,1996年建成),积累了丰富的设计施工经验。但这些桥梁多为直线桥,大跨度弯坡斜连续刚构桥则为数甚少,设计施工经验也不多。为了确保西航道桥设计、施工万无一失,设计单位中交公路规划设计院在设计中除了按平面杆系理论精确分析计算了71种施工工况和各种荷载组合应力状态之外,还采用ALGOR空间有限元程序分析了0号块空间应力状态。施工单位广东省长大公路工程公司精心组织施工,进行了悬臂浇注阶段施工监控。监理单位铁二院监理公司不但按常规监理程序履行工程施工监理职责外,还调集专家参与施工监控技术论证工作,确保了本桥成桥线形和工程质量。

工程开工前,厦门市路桥建设投资总公司与福州大学合作,开展了“厦门海沧大桥西航道连续刚构弯箱梁结构分析与模型实验研究”,采用多种结构分析程序和1/50几何全相似有机玻璃模型,深入研究了弯坡斜连续刚构桥的应力分布特点,为该桥设计、施工提供了试验支持和科学依据。

在直线箱梁桥及薄壁箱形结构分析方面,国外主要致力于采用空间板壳有限元法,通过将原结构离散为三角形或四边形薄板小单元,建立单元刚度矩阵,再集成总刚,进行边界条件处理后求解单元节点位移,进而计算单元应力。这种方法不仅离散单元多,需用大容量计算机进行计算,运行时间长,同时无法剥离薄壁箱梁诸如剪力滞效应、扭翘效应、畸变效应等不同于一般结构的特殊变形与内力特征,也不能计算出预应力对结构的影响及预应力的损失情况。

在弯箱梁桥计算理论方面,国内一些大专院校、科研设计单位都进行过研究并编制了计算程序,供内力计算及配筋设计之用。但至今还没有一个完善的通用程序,可以同时解决预应力曲线梁桥的纵向内(应)力、横向内(应)力、混凝土收缩徐变影响、分阶段施工时的内(应)力及变形以及预应力钢束的有效预应力、使用阶段控制截面的剪力滞效应、局部应力分析等结构计算问题。西航道桥试验研究过程中,使用了多个现行计算程序进行结构分析(包括美国ALGOR公司开发的通用大型结构分析程序Super SAP 93和东南大学编制的曲梁设计计算程序等),在理论分析的基础上,编制了考虑混凝土收缩徐变的高精度曲杆有限元计算程序和考虑局部荷载作用及预应力效应的箱梁横向内力计算等程序。

西航道弯坡斜连续刚构桥的设计、施工、科研成果,提高了我国弯坡斜连续刚构桥设计施工水平,在我国大跨度弯坡斜连续刚构桥建设领域中,取得了新的成果,可供同类桥梁借鉴。

厦门海沧大桥工程现场指挥部副指挥长　徐风云

2001年6月29日

目　录

第一篇　设　计

第二篇 施 工

第三篇 科 研 试 验

第四篇 工程施工监理

第一篇 设 计

第一章 概 论

第一节 工程概况

西航道桥为位于圆曲线段(半径为900m)及缓和曲线上的五跨预应力混凝土连续刚构桥,西端与西引桥相接,东端与东航道悬索桥相连,工程范围为K4+612~K4+992。跨径布置为(78+140+78+2×42)m。上部箱梁采用分离式单箱单室断面,箱梁跨中高度为2.5m,主墩顶高度为7.5m,上部结构共计四个T,施工采用八套挂篮悬臂对称浇筑,边跨现浇段及两孔42m的施工采用钢管桩满堂支架现浇施工。

西航道桥的17、18、19、20号墩为水中墩,21号墩支撑于西锚碇上。17、20号为空心薄壁墩,厚3.0m;18、19号墩为双壁实心墩,墩厚为2.0m;21号墩为3.0m的实心墩。钻孔桩基础的桩径均为Φ2.0m,采用旋转钻机清水法成孔。17、20号墩基础采用筑岛石围堰施工,18、19号主墩承台采用有底钢套箱围堰施工方案。

主要工程数量列于表1-1-1。

主要工程数量表 表1-1-1

项目＼部位	混凝土(m^3)	钢筋(kg)	钢绞线(kg)
上部结构	11 003	1 531 500	770 800
下部结构	22 407	1 789 100	
桥面系	896	56	
合计	34 306	3 320 656	770 800

第二节 建设条件

一、气 候

1.气温

厦门属亚热带海洋气候,冬无严寒,夏无酷暑,年平均气温20.8℃,最热月七月份平均气温28.1℃,极端最高气温38.4℃,最冷月二月份,平均气温12.4℃,极端最低气温2.0℃。

2.雨水

历年平均降水量1 143.5mm,平均蒸发量1 862.7mm,多年平均相对湿度77%。一般3~6月份为雨季,5~6月份为雷雨季,9月至次年1月为旱季。常年一般以阴天最多,雨天次之。多年平均雨天122.8天,晴天115.4天。3~5月晨时多雾,多年平均雾日28天。

3.风况

一般6~9月份为台风季节，平均每年受台风影响5~6次，风力一般7~9级，最大超过12级，东北风向为主，西南风向次之，瞬间风速一般31~32m/s，1959年8月23日厦门受台风正面袭击时，最大风速达60m/s。海沧大桥位于台风频发地区，桥址处风力大，风期长，风况条件恶劣。

二、海洋水文

厦门西港区海域潮汐属规则半日潮，即一天中有两个周期，涨潮、落潮历时基本相同，其特点是潮差较大，历年最大涨、落潮潮差分别为6.42m和6.34m，多年平均海平面为0.34m。多年平均涨、落潮历时分别为6小时07分和6小时18分，落潮历时稍长于涨潮历时。

西航道桥位于西海域海湾的最窄处，水深流急。桥位的南北部水域均较开阔，可达数公里。海沧大桥的桥位区航道总宽度仅850~900m，形成扼制水流的瓶颈。

涨、落潮时，海水流速较大，平均流速大于0.5m/s。当外海潮波传播进西海域后，受边界地形的控制和作用，海湾内潮波接近驻波性质，潮流基本呈往复流运动。涨潮时，外海涨潮流进入海湾内，沿海湾深泓向东北向上溯；落潮时海湾内落潮流则向西南方向外泄。由于海湾中部狭窄段偏窄，造成火烧屿两侧涨、落潮流速加大。潮流的强弱与潮差和水深大小密切相关，大潮流速较大，小潮流速较小；深水区的流速大于近岸或滩地流速，落潮的平均流速一般大于涨潮，中表层流速大于底层流速。

三、工程地质

1.地层岩性

西航道桥位区范围内除表层覆盖少量第四系(Q)人工填土、软土外，主要出露有侏罗系上统南圆组第二段(J_{3n}^{b})流纹质晶屑熔结凝灰岩和侏罗系下统黎山组(J_1L)砂岩、泥岩。基岩在东、西岸的潮间带附近普遍出露，按其风化程度分为全风化、强风化、弱风化和微风化层，各地层岩性特征分述如下：

1)第四系(Q)

人工填筑土(Q_4^{ml})：以块石土、大块石土为主，岩质为花岗岩、熔结凝灰岩等，分布于西岸水头村码头边，厚0~1m。

海相沉积层(Q_4^{m})：淤泥，深灰、灰黑色，流塑状，含贝壳碎片及砂粒。零星分布于西航道海域之表层，厚0~3m。

2)侏罗系上统南圆组第二段(J_{3n}^{b})

该地层在西航道桥区，岩性为流纹质晶屑熔结凝灰岩。由于海水的冲刷作用，测段内未见全风化带(W_4)；强风化带(W_3)一般厚30~50m，最厚65m以上，钻探岩芯呈土夹碎石状，天然单轴极限抗压强度为0.2~3.0MPa。中风化带(W_2)一般厚5~30m，局部大于45m，石质较硬，天然单轴极限抗压强度1.9~21.4MPa，饱和单轴极限抗压强度3.0~18.0MPa；微风化带(W_1)一般埋深大于50m(标高-60m~-80m)，岩石坚硬，完整，岩芯多呈柱状，天然单轴极限抗压强度24.8~111.6MPa，饱和单轴极限抗压强度7.6~96.4MPa。该地层岩石在不同部位因其物质成分变化大，不均一，受构造影响程度不同等因素，造成差异风化明显，钻孔揭示，强风化带及中风化带时常交替出现，岩石软硬不均，均匀性差。该地层分布于西航道桥位区K4+612~K4+880段内，与黎山组地层呈断层接触。

3)侏罗系下统黎山组(J_{1L})

该地层在桥位区岩性主要为：砂岩、泥岩、泥质粉砂岩夹炭质泥岩、铁锰质砂岩等。该段地层强风化带(W_3)一般厚30~40m，局部厚50m左右。岩芯呈土柱状、碎块状，手捏易碎，岩石成分变化较大，岩石强度差异性大，天然单轴极限抗压强度0.2~1.2MPa；中风化带(W_2)一般厚4~20m，钻探岩芯呈碎块状，风干单轴极限抗压强度6.9MPa，天然单轴极限抗压强度3~26MPa；微风化带(W_1)埋藏较深，一般在53m以下，标高-35~-55m，岩石软硬不均，单轴极限抗压强度8.9~46.8MPa；该地层分布于K4+880以后地段。

设计采用的岩土层参数见表 1-1-2。

岩土层力学参数采用值 表 1-1-2

地层代号	岩　性	风化程度	容许承载力[σ](kPa)	桩周极限摩阻力 τ(kPa)	饱和单轴极限抗压强度(MPa)
J^{b}_{3n}	流纹质熔结凝灰岩	强	400~500	160	0.2
		中	800		8.0
		微	1500		50.0
J_{1L}	泥质粉砂	强	400~500	100	
		中	600		3.0
		微	800		8.0
J_{1L}	砂岩	强	400~500	160	0.2
		中	600		3.0
		微	800		8.0

2.地质构造

桥位位于“闽东火山断裂凹陷带”的东缘和“闽东南沿海变质带”的西南部，受到中生代燕山运动强烈影响，本区的地质构造主要表现为断裂构造、复式向斜、多期岩浆侵入和大规模的火山喷溢。区内岩石在中生代晚期遭受到不同程度的区域变质或动力变质作用，形成大陆边缘构造区著名的高温中压变质带。

从区域构造来看，对桥位区影响较大的断裂带主要是总走向 N40°~50°E，呈弧形展布，长度大于 400km 的长乐—诏安断裂带，其在桥位区的反映主要是厦门西港断裂带，该断裂带分布在厦门西港海域中，在西航道形成一条宽约 300m，由数条小断层组成的构造带，这些小断层规模不大，大致走向平行，均为压性或压扭性逆断层。

四、地　　震

桥位区域属于东南沿海地震区的泉州—汕头地震活动带。海沧、厦门岛和大、小金门岛南侧海域中的九龙江北西西向断裂带为活动的断裂带，沿该断裂带近期微震活动频繁，本区具有 6~6.9 级地震发生条件。

据有关文献资料记载，厦门本岛在历史上从未发生过震中地震，只是受邻区（泉州湾、南日岛、漳州、漳浦等）强震波及影响。根据 1:400 万《中国地震烈度区划图》(1990)，本地区地震烈度为 7 度。

第三节　设 计 要 求

一、通 航 要 求

西航道是厦门港规划的辅航道，根据《全国内河通航标准》的有关规定，结合当地的河床地形，地质条件及未来火烧屿岛的旅游开发等因素，经交通部审批后的通航净空标准为：

西航道通航净宽 120m，净高 37m。

最高设计通航水位 4.178m(20 年一遇潮位)。

二、技 术 标 准

1.行车速度：80km/h。

2.桥面纵坡：≤2.5%；桥面横坡：超高变坡 -3%~2%。

3.平曲线半径：900m。

4.设计荷载：汽车—超 20 级，挂车—120，满布人群荷载 3kN/m^2。

5.偶然荷载：船舶撞击力，顺桥向为 1 500kN，横桥向为 3 000kN。

6.地震烈度：按 8 度设防。

7.桥面宽度:50+300+3×375+50+150+50+3×375+300+50=3 200cm。

8.温度荷载:全桥体系温度按±20℃,桥面板温差按±5℃,同时参考英国规范BS 5400的温度荷载模式。

9.设计风速:20m高处100年一遇基本设计风速为 $v_{20}=47.4\text{m/s}$;50年一遇基本设计风速 $v_{20}=44\text{m/s}$。

三、技术规范

1.《公路工程技术标准》(JTJ 001—97)

2.《公路桥涵设计通用规范》(JTJ 021—89)

3.《公路钢筋混凝土及预应力混凝土桥涵设计规范》(JTJ 023—85)

4.《公路桥涵地基与基础设计规范》(JTJ 024—89)

5.《公路工程抗震设计规范》(JTJ 004—89)

6.《公路桥涵施工技术规范》(JTJ 041—89)

7.《钢桥、混凝土桥及结合桥》(英)(BS 5400:Pt.5~10:1978~1983版)

四、设计指标

1.跨径布置

经初步设计审查确定西航道桥采用预应力连续刚构桥,其主跨为140m,西边跨为78m,东边跨为78m+2×42m。边、中跨比为0.557;起点桩号为K4+612,终点桩号为K4+977.432,处于半径 $R=900\text{m}$ 的圆曲线和超高缓和曲线段上。

2.主梁截面形式及主要尺寸

西航道连续刚构桥采用分离的上、下行两座桥,每幅桥主梁采用单箱单室的箱形断面,顶板与底板平行,由于主梁处于超高缓和曲线段上,横向坡度通过变化底板支座标高来调整;箱梁顶板宽为15.4m,底板宽为7.0m,翼缘板悬臂长度为4.2m。顶板厚度30~50cm,底板厚度32~85cm。腹板厚度在0号梁段隔板范围内为80cm,1~13号梁段为65cm,14~20号梁段及42m边跨为50cm,边跨现浇段6.9m范围内为65cm。

3.主梁截面高度变化规律

主梁根部梁高7.5m,根部底板厚度0.85m,主梁跨中及42m边跨梁高2.5m,跨中底板厚度0.32m;支点截面高跨比 $L/18.67$,跨中截面高跨比 $L/56$;箱梁底板上、下缘按二次抛物线变化,梁高抛物线方程为 $h=0.001\,183x^2+2.5$,底板厚度抛物线方程为 $D=0.000\,125\,4x^2+0.32$。

4.墩身及桩基础

18、19号主墩墩身与主梁固结,为双壁实心墩,单箱单室,单幅宽7.0m,厚度2.0m,墩身高度约为38.9~43.0m。17、20号墩墩身也为单壁空心墩,单箱双室,宽度7.0m,厚度3.0m,壁厚50~80cm,墩身高度约为43~50m。墩身与主梁分离,17号墩、20号墩分别通过两个GPZ5000SX型盆式支座和两个GPZ8000SX型盆式支座与主梁联结,21号墩身为实体矩形截面墩,墩身截面尺寸为7m×3m,墩身高度约为33.7m,该墩直接设置在西锚碇上,墩顶通过两个GPZ10000SX型盆式支座与主梁联结。西边跨在17号墩与西引桥相接,东边跨在西锚碇横梁与东航道悬索桥相接,并设毛勒伸缩缝一道。梁底支座为GPZ4000SX型盆式支座。17、18、19、20号桥墩基础均采用直径2m的钻孔桩,按摩擦桩设计。

5.主要控制标高

18、19号主墩承台顶的设计标高为+2.5m,承台底设计标高为-1.5m;17、20号墩承台顶标高为+1.0m,承台底设计标高为-2.0m;21号墩底标高为+19.0m。17、18、19、20、21、22号墩顶桥面的设计标高分别47.412m、49.362m、52.862m、54.812m、55.862m、56.912m。

6.预应力体系

主梁采用三向预应力；纵向预应力钢束采用15-19大吨位预应力钢绞线群锚体系，设计张拉吨位为3 711 kN；横向预应力钢束采用15-3预应力钢绞线扁锚体系，设计张拉吨位为588 kN，采用一端张拉，沿箱梁顶板横向布置，纵向间距1m；竖向预应力采用公称直径32mm的冷拉Ⅳ级钢筋，设计张拉吨位为54.3t。

7.桥面铺装

桥面铺装层采用改性沥青SMA结构，结构组合为7cmAC-30-I沥青混凝土、4.5cm改性沥青SMA13。

第二章　总体设计

第一节　桥型选择

西航道桥位于厦门市火烧屿岛，是白鹭重点保护基地。桥位自然环境优美，碧海蓝天，峰峦起伏，怪石嶙峋，千姿百态，具有丰富的旅游资源。海沧大桥的平面线形和桥型与周围环境相协调，不断变化的S型曲线不仅顺应了周边地形和自然景观，也给城市带来了动感和活力，体现出城市的现代气息。西航道桥既要配合整体流畅的线形（采用平面曲线桥型，梁底采用抛物线形，形成弯曲连续结构体系），显得结构轻巧、简洁、流畅，同时又具有自己刚劲挺拔的独立个性。

西航道桥位于西海域海湾的最窄处，航道宽为250~300m，最大水深达25m，水深流急，为厦门港规划的辅航道，航道宽度要求大于120m。根据水文、地质、通航净空条件，初步设计阶段提出了两种桥型方案。第一方案为78m+140m+78m的三跨预应力混凝土连续刚构桥；第二方案为78m+140m+78m的三跨预应力混凝土连续梁桥。目前国内已建成广东虎门辅航道桥（主跨270m）、重庆黄花圆大桥（主跨250m）等大跨径连续刚构桥，设计、施工经验方面都比较成熟；此外本桥处于半径为900 m曲线上，连续刚构桥型刚劲挺拔，景观效果好，施工安全度高；连续刚构为墩梁固结体系，便于采用悬臂法施工，而无须进行体系转换，故可不设连续梁施工转换体系时所必须的墩顶临时固结措施；第三，连续梁方案还需设置制动墩或采用价格昂贵的专用抗震支座，造价要比连续刚构方案贵4%。本着安全、经济、实用、美观的原则，最终施工图设计阶段采用了（78+140+78+2×42）m五跨刚构—连续梁体系，把东航道桥与西航道桥连成一体，取消了一道伸缩缝，汽车行驶更平稳、舒适。

第二节　桥跨布置

西航道桥桥跨总体布置考虑了如下因素：

1.与东航道主桥在西锚碇相接，中间用大型毛勒伸缩缝连接；

2.桥面标高、线形与主桥及西引桥协调一致；

3.根据连续刚构的受力特点确定合理的跨径布置和合理的承台标高；

4.尽量避开地质断层构造；

5.跨越西海域主航道海湾，并满足规划通航净宽、净高要求；

6.上部结构合理、适合对称悬臂施工要求；

7.下部结构施工工艺成熟、安全可靠。

桥跨布置见图1-2-1、图1-2-2；箱梁截面见图1-2-3；上部构造梁段划分见图1-2-4，纵向预应力束布置见图1-2-5；18、19号主墩构造见图1-2-2；17号、20号、21号过渡墩构造分别见图1-2-6、图1-2-7、图1-2-8。

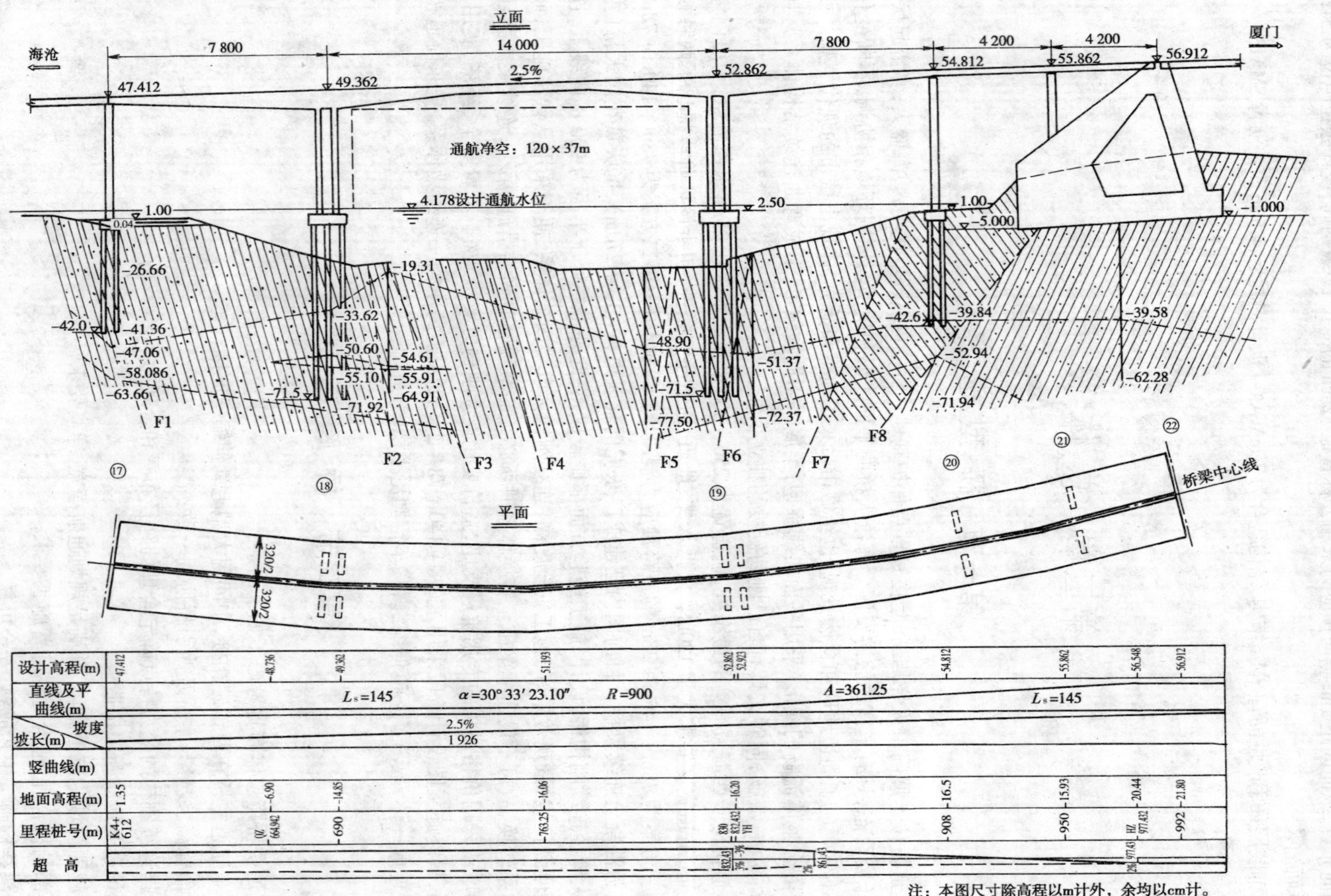

注：本图尺寸除高程以m计外，余均以cm计。

图 1-2-1　桥跨布置图(尺寸单位:cm)

A—A
1/2跨中及支点断面
1/2根部断面
3 200/2
50+3×375+300=1 475
300+3×375+50=1 475
4.5cm混凝土+
7cm沥青混凝土
设计高程
45×45
箱外
横隔梁
桥
梁
中
心
线
封底混凝土
2×500
1 360
1 540
7 000
D 200
2.50
-1.50
-71.50
H
750
400
100
280/2
2×500
注：本图尺寸除高程以m计外，余均以cm计。

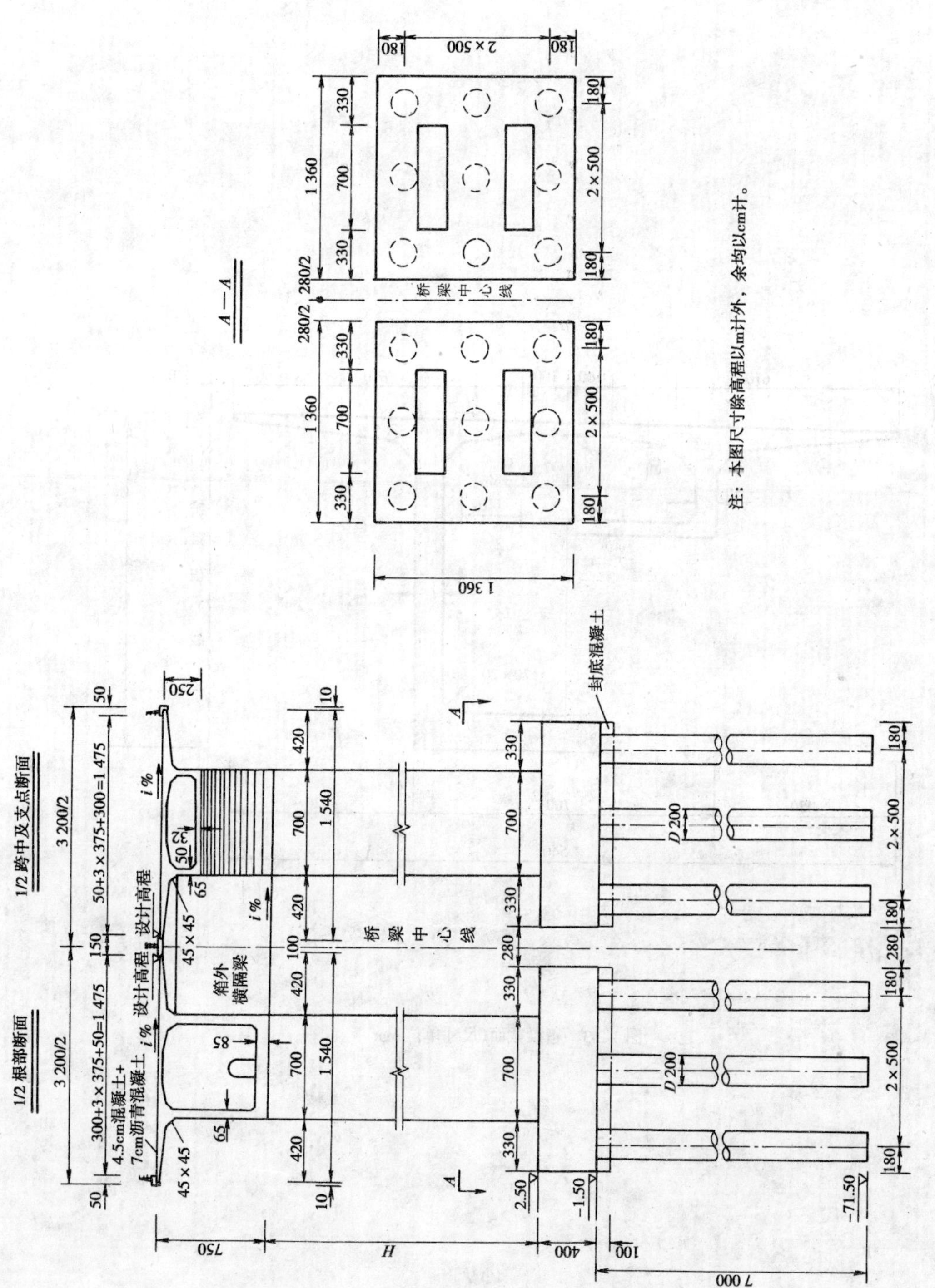

图 1-2-2 横断面图

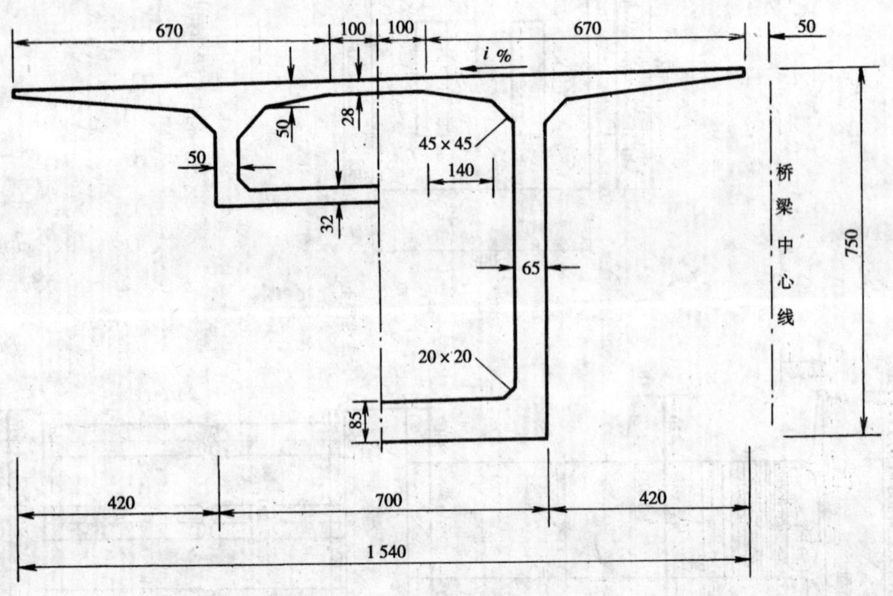

图 1-2-3　箱梁截面(尺寸单位:cm)

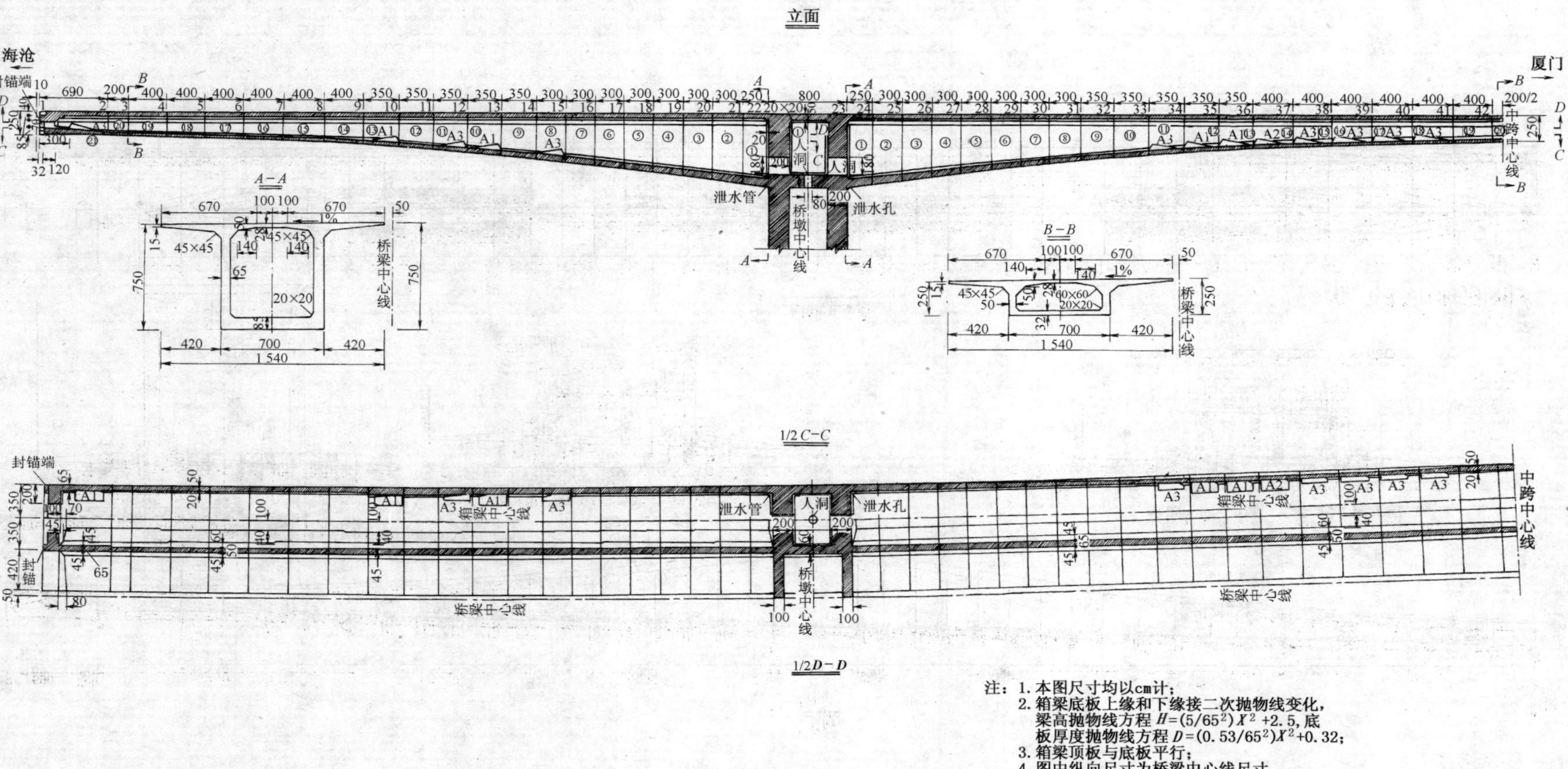

注：1. 本图尺寸均以cm计；
2. 箱梁底板上缘和下缘接二次抛物线变化，梁高抛物线方程 $H=(5/65^2)X^2+2.5$，底板厚度抛物线方程 $D=(0.53/65^2)X^2+0.32$；
3. 箱梁顶板与底板平行；
4. 图中纵向尺寸为桥梁中心线尺寸。

图 1-2-4　箱梁一般构造

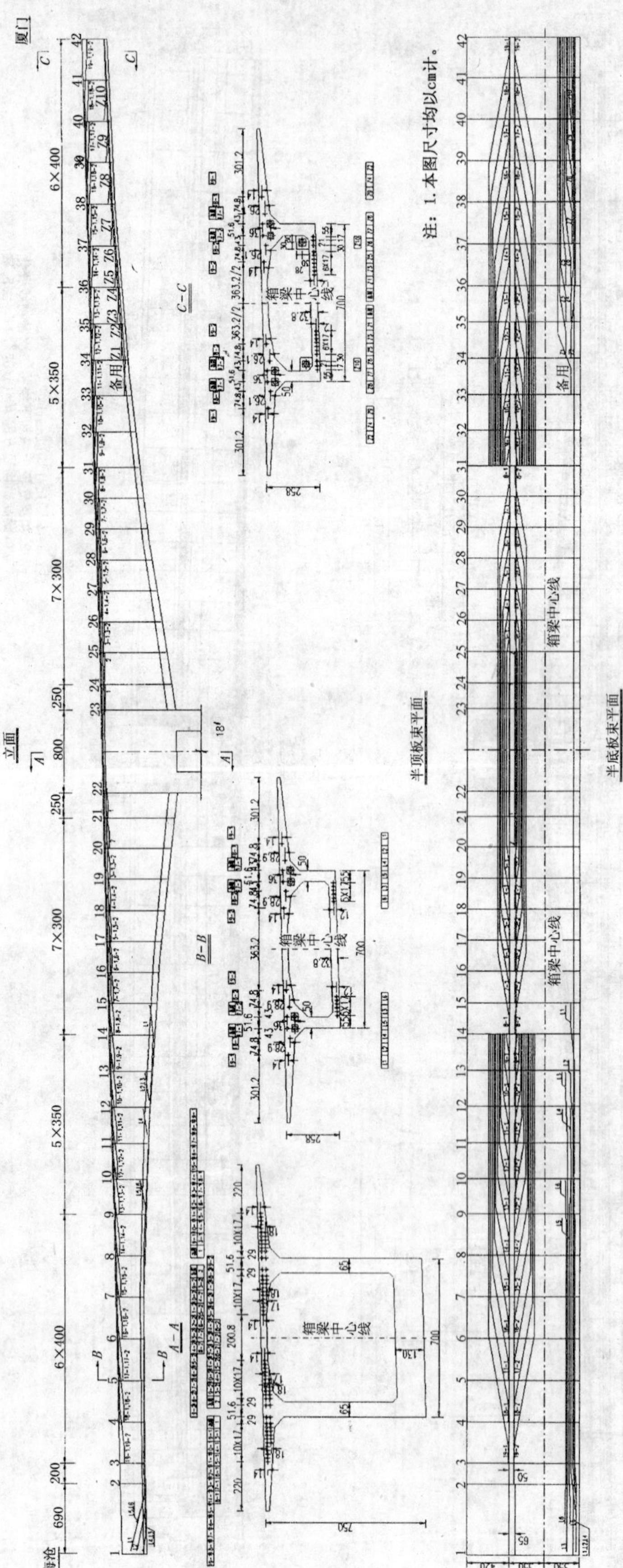

图 1-2-5 纵向预应力钢束布置图

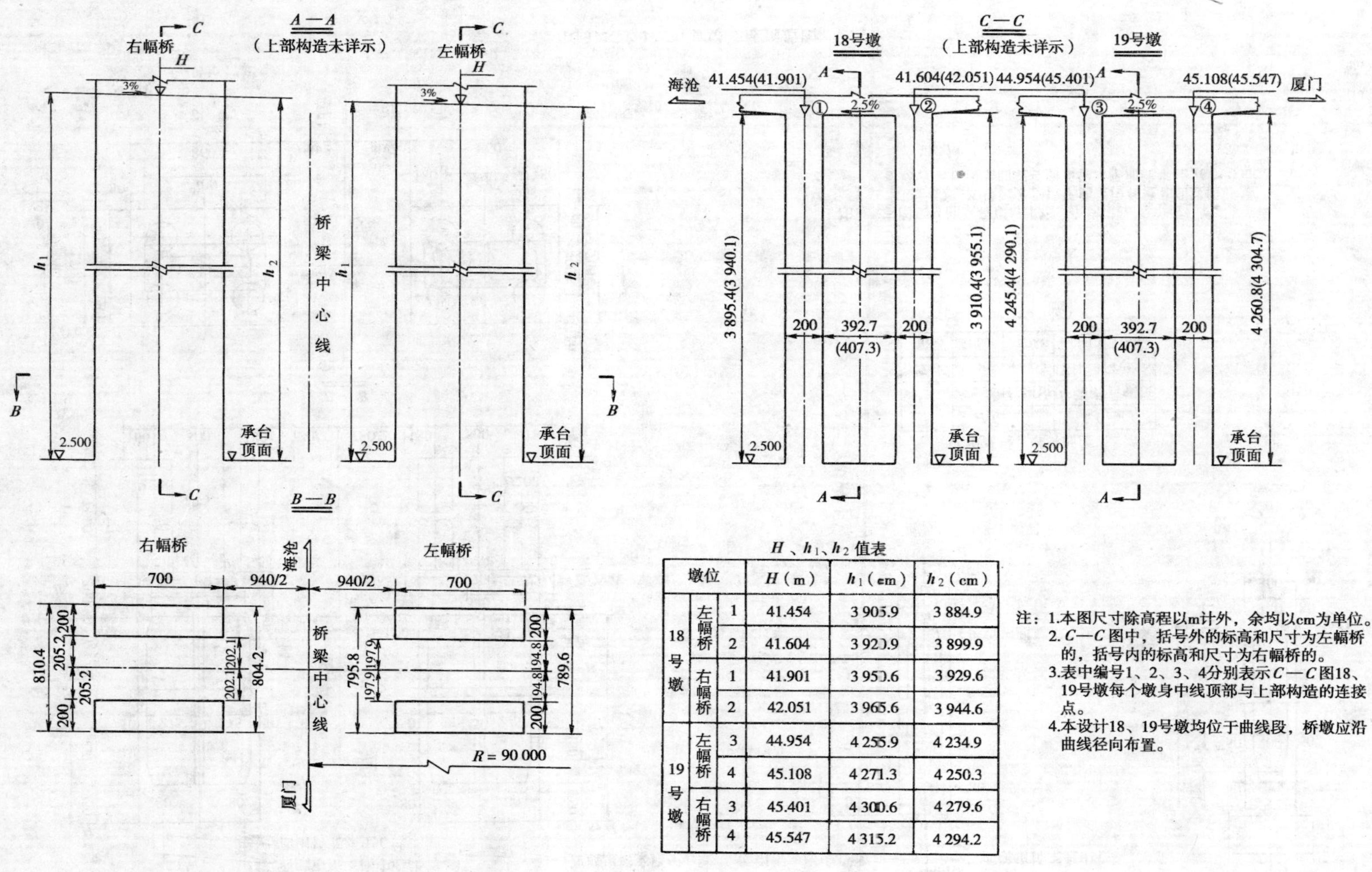

H、h_1、h_2 值表

墩位			H（m）	h_1（cm）	h_2（cm）
18号墩	左幅桥	1	41.454	3 905.9	3 884.9
		2	41.604	3 920.9	3 899.9
	右幅桥	1	41.901	3 950.6	3 929.6
		2	42.051	3 965.6	3 944.6
19号墩	左幅桥	3	44.954	4 255.9	4 234.9
		4	45.108	4 271.3	4 250.3
	右幅桥	3	45.401	4 300.6	4 279.6
		4	45.547	4 315.2	4 294.2

注：1.本图尺寸除高程以m计外，余均以cm为单位。
2. $C—C$ 图中，括号外的标高和尺寸为左幅桥的，括号内的标高和尺寸为右幅桥的。
3.表中编号1、2、3、4分别表示 $C—C$ 图18、19号墩每个墩身中线顶部与上部构造的连接点。
4.本设计18、19号墩均位于曲线段，桥墩应沿曲线径向布置。

图 1-2-6　18、19 号墩一般构造图

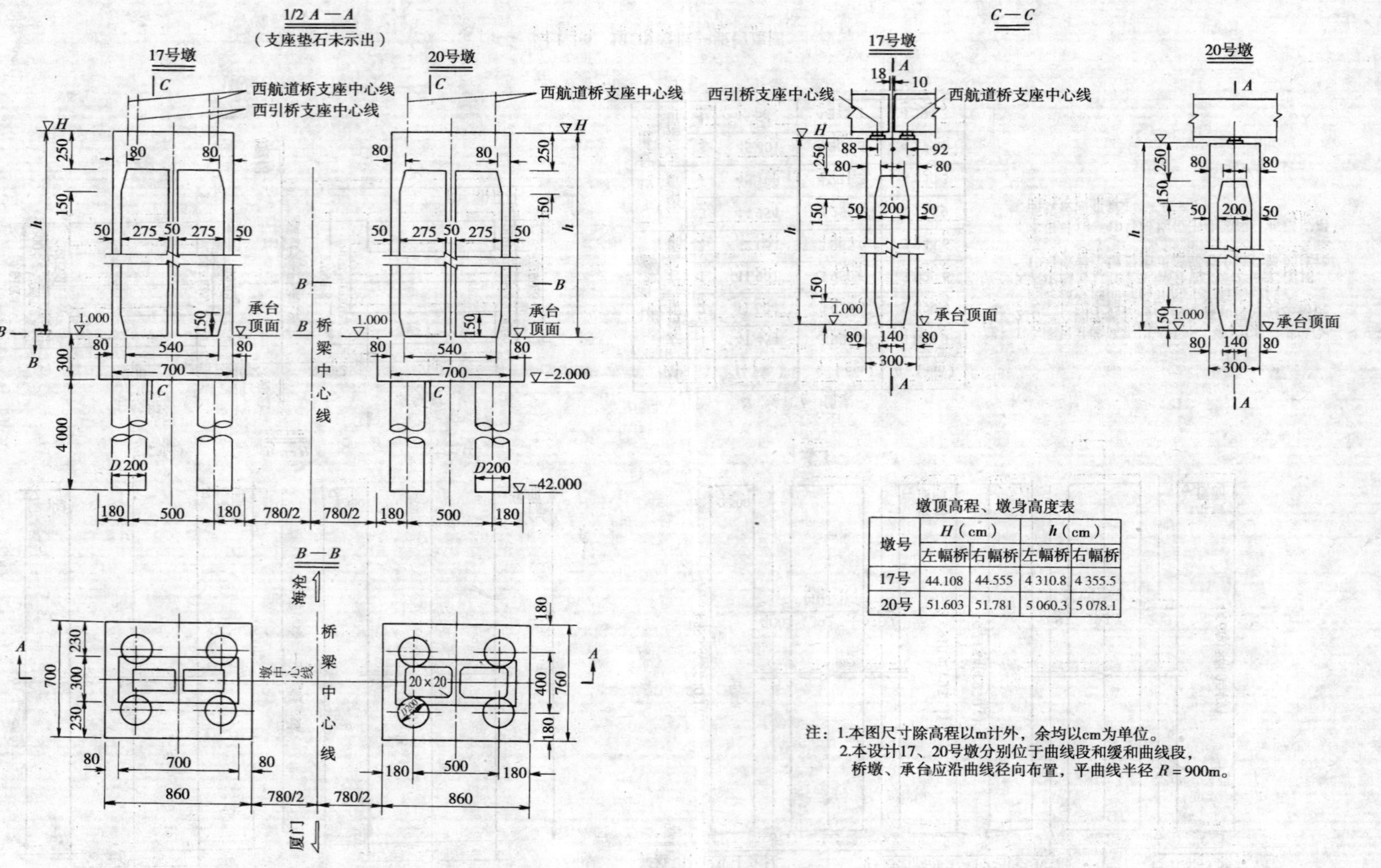

墩顶高程、墩身高度表

墩号	H（cm）		h（cm）	
	左幅桥	右幅桥	左幅桥	右幅桥
17号	44.108	44.555	4 310.8	4 355.5
20号	51.603	51.781	5 060.3	5 078.1

注：1.本图尺寸除高程以m计外，余均以cm为单位。
2.本设计17、20号墩分别位于曲线段和缓和曲线段，桥墩、承台应沿曲线径向布置，平曲线半径 $R=900$m。

图 1-2-7　17、20 号墩一般构造图

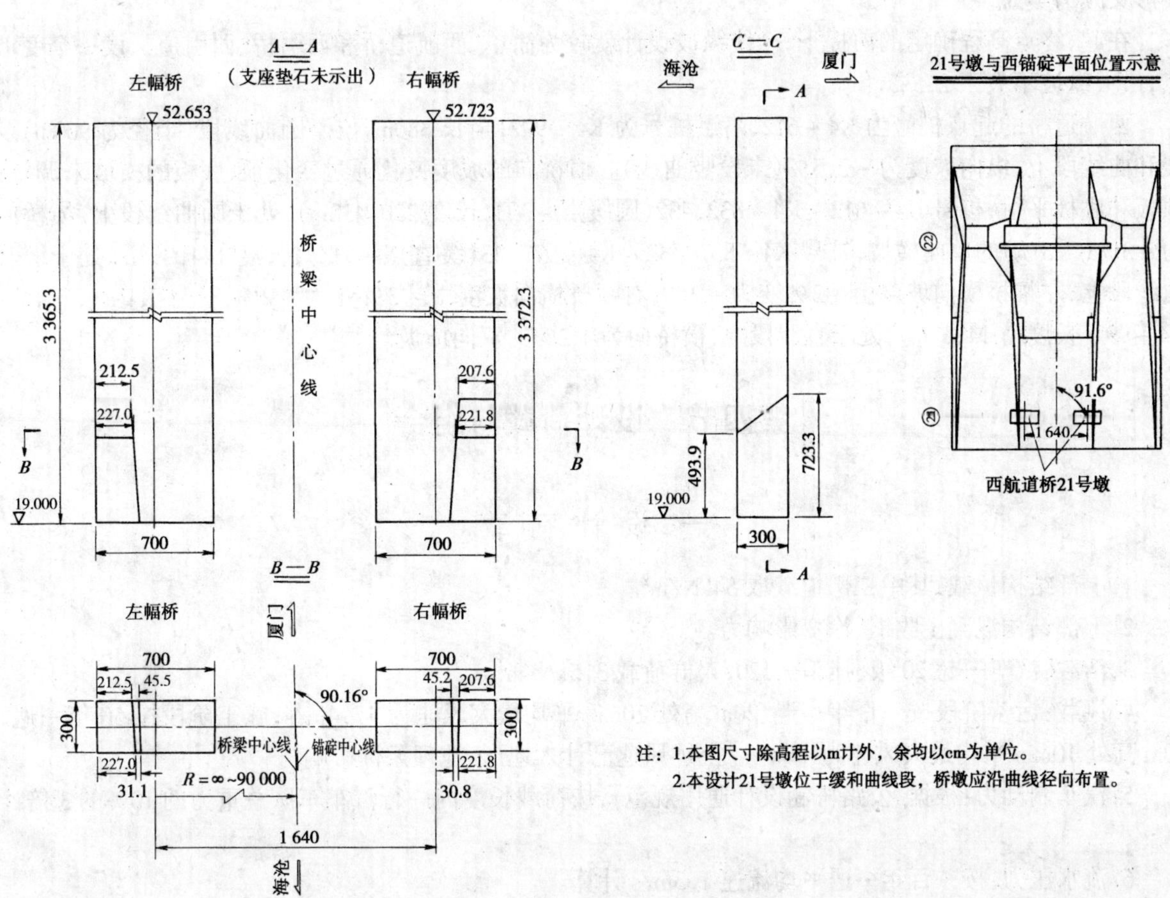

图 1-2-8　21 号墩一般构造图

第三节 路线的平纵设计

西航道及西引桥、西引道的平面线位应服从主桥平面线位，在东航道悬索桥桥位线形确定以后，再根据线形连续顺畅、减少拆迁、保护环境、创造景观效果，并结合厦门市城市总体规划要求，确定西引道线位沿太平山南麓布设，依据地形布置成最小平曲线半径为900m的S型曲线，既避免了水头村的拆迁，线形又颇为美观。

在起、终点高程确定的前提下，全线纵坡设计就较为简单，西航道桥和西引桥、西引道只设一个变坡点，最大纵坡不大于2.5%。

西航道桥的起点桩号为K4+612，终点桩号为K4+992，全长380m，位于圆曲线段（半径为900m）及缓和曲线段上，纵向坡度为+2.5%（未设竖曲线）。横桥向的坡度变化通过变化顶、底板的横坡来调整，顶板和底板平行，桩号K4+612～K4+832.432（圆缓点－YH，长度220.432m），处于圆曲线段上，横桥向为+3%（－3%）的单向横坡；桩号K4+832.432～K4+977.43（缓直点－HZ），长度144.998m，处于缓和曲线段上，左幅桥横向坡度由+3%变为+2%，右幅桥横向坡度由－3%变为+2%；桩号K4+977.43～K4+992（长度为14.57m），处于直线段上，横桥向为+2%的双向横坡。

第四节 设计荷载与组合

一、设计荷载

1.上部结构恒载，其中二部恒载取54kN/m²。

2.上部结构混凝土收缩、徐变影响力。

3.活载：汽车—超20级、挂车—120，人群荷载3.5kN/m²。

4.风载：运营阶段按一百年一遇、20m高处10min平均最大风速为47.4m/s；施工阶段按50年一遇、20m高处10min平均最大风速为44m/s。上述风速已计入地形、地理条件影响。

5.汽车制动力：根据《公路桥涵设计通用规范》，按荷载长度内一行汽车车队总重力的10%的3倍计算。

6.流水压力：按一百年一遇平均流速1.3m/s计算。

7.温度荷载：结构体系温差取±20℃；梁内温差效应参照英国规范BS 5400计算。

8.施工荷载：悬臂施工挂篮质量按89.7t计算，约为最大悬浇块件质量的0.4倍。

9.船舶撞击荷载：纵桥向为1 500kN，横桥向为3 000kN。

二、荷载组合

1.顺桥向

1)施工阶段荷载影响因素

最大悬臂状态下各种不平衡荷载的影响因素如下：

①考虑梁体的自重不均匀性的不平衡系数取1.05；

②考虑挂篮、施工机具质量偏差的不平衡系数取1.08；

③考虑梁体块件浇注不同步的块件质量差为0.5P（P为最后一块的质量）；

④风荷载取用50年一遇频率的风速值，风力作用不均匀性按一侧梁底作用有由风力引起的升举力考虑，基本风压按设计风速换算取为1 000Pa，升举系数取0.4。

2) 使用阶段荷载组合

组合 I:恒载+汽车-超 20 级;

组合 II:恒载+挂车-120;

组合 III:恒载+汽车-超 20 级+制动力+体系升温+风载(百年一遇)+沉降;

组合 IV:恒载+汽车-超 20 级+制动力+体系降温+风载(百年一遇)+沉降;

组合 V:恒载+汽车-超 20 级+制动力+桥面板升温 5℃+沉降;

组合 VI:恒载+汽车-超 20 级+制动力+桥面板降温 5℃+沉降;

组合 VII:恒载+汽车-超 20 级+制动力+体系升温+桥面板升温(BS 5400)+沉降;

组合 VIII:恒载+汽车-超 20 级+制动力+体系降温+桥面板降温(BS 5400)+沉降。

2.横桥向

1) 施工阶段荷载影响因素

最大悬臂状态下横向风荷载作用情况考虑如下:

①两侧对称作用设计风荷载;

②一侧为设计风荷载、另一侧为 50%设计风荷载;

③一侧为设计风荷载、另一侧风荷载为 0。

2) 使用阶段荷载组合

横向船舶撞击荷载为 3 000kN。

第五节 主要材料

一、混凝土

1.上部结构箱梁采用 50 号混凝土。

2.18、19 号主墩采用 40 号混凝土。

3.17、20、21 号墩墩身及所有承台采用 30 号混凝土,钻孔灌注桩除 18、19 号墩桩基础采用 30 号水下混凝土外,其余均采用 25 号水下混凝土。

二、预应力钢材

1.Φ_j15.24mm 低松弛钢绞线

弹性模量 $E=1.95\times10^5$MPa

标准抗拉强度 $R_y^b=1\,860$MPa

张拉控制应力 $\sigma_K=0.75\times R_y^b=0.75\times1\,860$ MPa $=1\,395$MPa

2.公称直径 32mm 的冷拉 IV 级钢筋

弹性模量 $E=2.0\times10^5$MPa

屈服强度 $R_y^b=750$MPa

张拉控制应力 $\sigma_K=0.9\times R_y^b=0.9\times750$ MPa $=675$MPa

三、普通钢筋及钢材

I、II 级钢筋,其技术指标应符合 GB 13013—91 和 GB 1499—91 的规定。钢板、型钢采用 Q235A 钢,其技术指标应符合 GB 3274—88 的规定。

第六节　结构分析方法及要点

一、概　　述

预应力混凝土连续刚构弯箱梁是复杂的三维空间结构，目前采用的常规计算方法是用平面杆系分析方法求得桥梁断面内力，然后运用平截面假定计算断面的应力。诚然，按杆系理论对结构作整体分析是适宜的，对于T形断面的小型桥梁结构，采用平截面假定也是行之有效的。然而，对于跨度大、桥面宽、主梁高、断面复杂、零号块的预应力管道集中的大跨度桥梁结构，按平截面假定计算的特殊区段应力就不准确了，也不能反映出箱梁扭转、翘曲、剪力滞等的影响，所以对零号块梁段进行局部空间分析是很有必要的。经过大跨径连续刚构的箱梁桥的设计实践，我们认识到，设计中在选取断面尺寸、配置普通构造钢筋的配置、控制断面应力时应该重视如下问题：

1.宽箱断面的应力分布情况及剪力滞的影响程度；

2.零号块内人洞应力集中情况；

3.零号块受力特点；

4.横隔板应力分布；

5.底板立面曲线预应力钢束产生的底板附加荷载。

二、分析方法及计算模型

计算分析采用先整体后局部的方法，即先按杆系理论将全桥作为平面结构进行总体计算分析，求得各断面的内力，然后按照圣维南原理，对隔离体进行空间有限元分析计算，得到各单元的应力分布图。其计算流程图见图1-2-9。

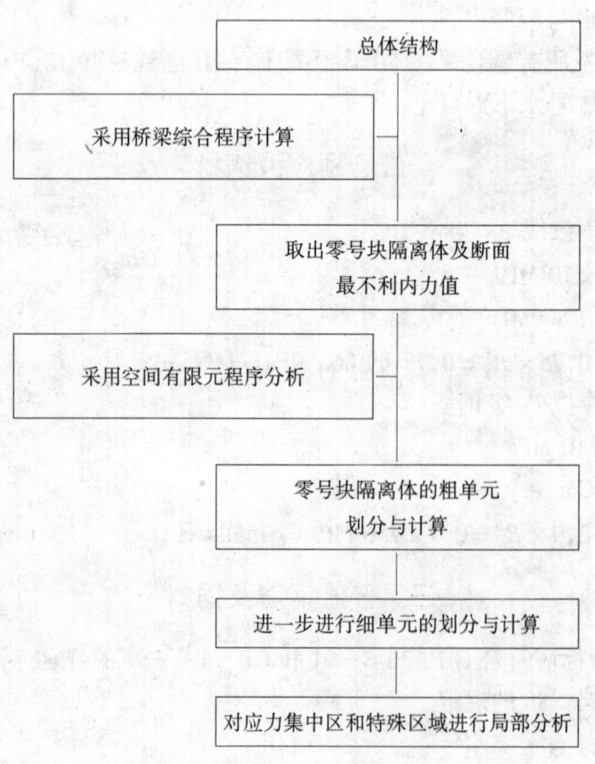

图1-2-9　结构分析流程图

西航道连续刚构桥设计中，计算分析按4步进行：

1.按照直梁分析各种工况下的主梁的受力情况,运用杆系程序 QJX－IV;

2.按照曲梁分析最大悬臂施工阶段和合拢成桥运营阶段主梁的受力情况,重点主要是主梁的受扭情况,例如主梁的扭转角和箱梁的剪力。采用空间梁单元,用 SAP5 程序分析。同时按照《曲线梁》(姚玲森著,人民交通出版社)一书中的扭矩影响线公式,计算活载扭矩影响值;

3.零号块件的空间应力分析,采用块体单元,用 ALGOR 程序分析。

4.此外还采用高精度圆弧曲杆有限元程序进行对比分析,把箱梁横向划分为两个工字形截面,计算结果用作对照校核。

第三章　下部结构设计

第一节　结 构 构 造

一、18、19 号墩构造

1.基础

18、19 号主墩单幅桥采用 9 根直径 2m 的钻孔桩群桩基础,见图 1-2-1、图 1-2-2。根据地质钻探资料,西航道桥区域的岩层风化破碎严重,强风化带厚一般为 30～50m,最厚达 65m,中风化带一般厚 5～30m,微风化带一般埋深大于 50m,软弱夹层比较多,有 8 条地震断裂带,18 号墩位于 F_2 断层下盘,19 号墩位于 F_5、F_6 两条断层之间,故桩基按摩擦桩设计,设计桩长 70m。在保证桩基础设计的合理性和安全性的前提下,在基础施工中根据地质的岩性情况可调整桩长。

18、19 号主墩处水深达 20m,位于西海域海湾的最窄处,海域潮汐属规则半日潮,即一天中有两个周期,涨、落潮历时基本相同,约六个小时,潮差大,历年最大涨、落潮差分别为 6.42m 和 6.34m,多年平均海平面为 0.34m,水深流急,考虑到美观及套箱施工便利的要求,设计将承台顶高程定为放在 +2.50m,同时采用分离式承台,尺寸为 13.6m×13.6m×4m。

钻孔桩采用 C30 混凝土,承台采用 C30 混凝土。

2.墩身

西航道桥 18、19 号桥主墩墩高约 38～43m,其墩身采用双壁实体矩形截面,见图 1-2-1、1-2-6。本桥下部结构按分离式设计,单幅桥纵向为两片墩身,每片截面尺寸为(2m×7m),横桥向宽度与箱梁底宽相同,两片墩中距为 6m。

二、17、20 号过渡墩构造

西航道桥 17、20 号墩为过渡墩,高约为 43～52m,墩身采用单箱双室截面的空心板,单幅桥墩截面尺寸为 3m×7m,其壁厚为 50cm,为保证荷载的有效传递,在墩身底内侧设置 150cm×20cm 的倒角,见图 1-2-7。

17、20 号过渡墩单幅桥采用 4 根直径 2m 的钻孔桩基础,根据地质钻探资料,F1－1 断层通过 17 号墩,20 号墩位于火烧屿岛西岸风化严重的砂岩、泥岩地层中,各墩位处岩体破碎、均匀性差,力学性能普遍较低,地质情况较为复杂。桩基按摩擦桩设计,设计桩长为 40m。钻孔桩的横桥向桩距为两倍设计桩径,在纵桥向根据构造要求及施工的可能性进行了适当的调整,桩距为 4.0m。

承台采用分离式的结构,其尺寸为 7.60m×8.60m×3m。

三、21 号墩构造

21 号墩高约为 34m,采用矩形截面实心墩,单幅桥墩身截面尺寸为 3m×7m,该墩直接设置在西锚碇上,见图 1-2-8。

第二节　18、19 号墩结构计算分析

一、墩身内力计算

海沧大桥位于台风频发地区,桥址处风力大,风期长,风况条件恶劣。每年灾害性天气特别频繁,7~9 月为台风季节,平均每年要受到 5~6 次台风的影响。台风过境时一般最大风力达 11 级,瞬时风速 31~32m/s,风向东北或西南。1959 年 8 月 23 日台风正面袭击厦门,最大风速达 60m/s 以上。大桥主体结构合拢以后 1999 年 9 月 10 日厦门岛经历了历史上最大的 14 级台风,给岛内带来了巨大的经济损失。西航道连续刚构桥,采用悬臂对称浇筑施工方法,最大悬臂长度达 65m,因此,结构计算分析时特别重视施工阶段抗风稳定性问题。

1. 风载计算

风载对悬臂结构的施工安全影响很大,所以设计中验算了风频为 50 年一遇和 100 年一遇风载作用下,及多种组合下的墩身内力。

风荷载按下式计算:

$$W = K_1 K_2 K_3 K_4 W_0 (\text{Pa})$$

$$W_0 = 1/1.6v^2$$

式中:W_0——基本风压值(Pa);

v——设计风速(m/s),按离地面 20m 高处 10min 平均实测平均最大风速确定;

K_1——频率换算系数,$K_1 = 1$;

K_2——风载体型系数,$K_2 = 1.3$;

K_3——高度变化系数,$K_3 = 1$;

K_4——地形及地理条件系数,$K_4 = 1.3$。

2. 纵、横、竖向风荷载分布及计算图式

纵向风荷载作用于墩身正面以及箱横断面上,风压在距地面 20m 高度以上按梯形分布计算图式见图 1-3-1;由于迎风面积较小,不控制设计;横向风载取如下三种分布方式,见图 1-3-2;竖向风载考虑风力作用不均匀系数,按英国规范计算出作用于桥面的竖向风力,取升力系数为 0.4,见图 1-3-3。风荷载引起的结构内力采用平面杆件元计算。墩与承台固结。墩与零号块固结。且墩和零号块均采用实际刚度。

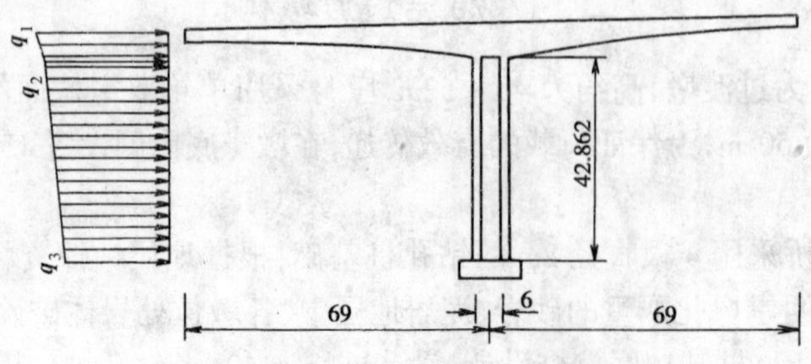

图 1-3-1　纵向风载计算图式(尺寸单位:m)

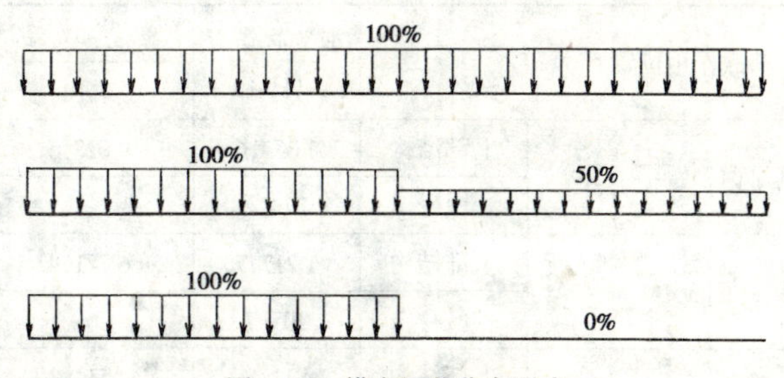

图 1-3-2 横向风载分布图式

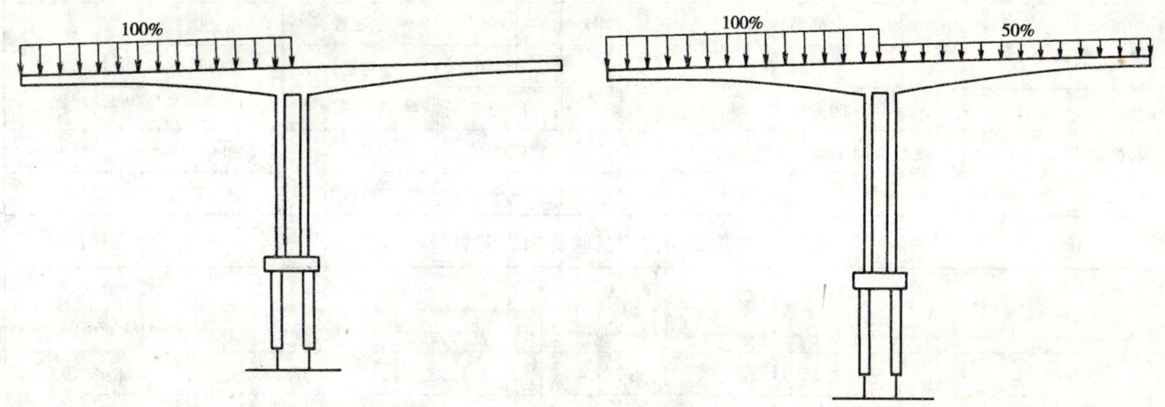

图 1-3-3 竖向风载分布图式

3.扭矩分配

在不平衡风荷载作用下，桥墩水平扭矩 T 近似于自由扭转，分配给两片墩身，见图 1-3-4。在扭矩 T 作用下，产生的扭转角 γ 为：

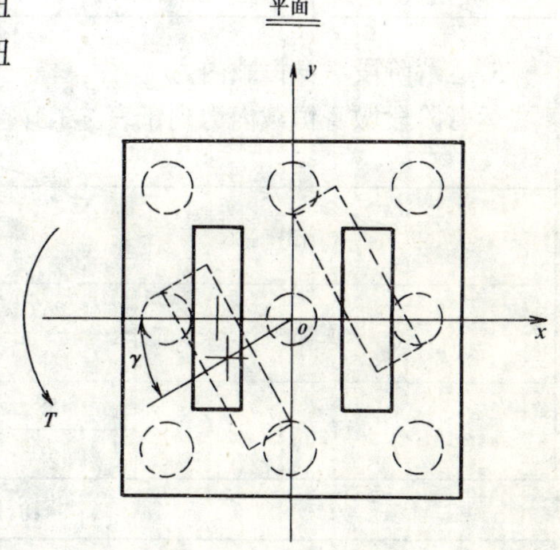

图 1-3-4 扭矩分配图式

$$\gamma = \frac{T}{\rho_2 \sum r_i^2 + n \dfrac{GI_p}{l_p}}$$

式中：$\rho_2 = \dfrac{12EI}{l^3}$ $I = \sqrt{I_x^2 + I_y^2}$

r_i——墩壁中心至扭矩中心的距离；

I_p——墩壁扭转惯性矩，$I_p = \beta hb^3$；

β——矩形截面的扭转系数，取 0.272；

h——墩高，$h = 42.862$m；

n——墩片数，$n = 2$。

墩身扭矩的计算公式为：

$$M_T = \gamma \frac{GI_p}{l_p}$$

墩身扭矩产生的水平力计算公式为：

$$Q = \gamma \rho_2 r_i$$

4.施工阶段风载内力计算结果

施工阶段风载内力计算结果列于表 1-3-1，墩身验算内力汇总于表 1-3-2。

18、19 号墩的风荷载内力表 表 1-3-1

荷载方式	荷载作用位置		水平荷载 H (kN)	弯矩 M(kN·m)		扭矩 T (kN·m)
				墩顶	墩底	
横向风载	两侧对称	上部结构	1 623.6	9 028.5	83 771.8	
		墩身	274.7		5 887.1	
	一侧 100%,一侧 50%	上部结构	1 217.7	6 771.4	62 828.9	10 224.6
		墩身	205.7		4 408.8	205.7
	一侧 100%,一侧 0%	上部结构	811.8	4 514.3	41 885.9	20 449.2
		墩身	137.4		2 943.6	411.45
纵向风载	上部结构		83.4	353.6	3 930.2	
	墩身		484.6		10 384.4	
竖向风载	两侧对称		1 612.7			
	一侧 100%, 一侧 50%		1 209.5	14 917.5	14 917.5	
	一侧 100%, 一侧 0%		806.4	29 835.0	29 835.0	

施工阶段墩身验算内力汇总 表 1-3-2

组合 \ 荷载	位 置	N (kN)	ηM_z(kN·m)		M_y (kN·m)
			η	ηM_z	
悬臂恒载+横风(对称)	左墩底 155 号节点	36 756.4	1.1 222	−528.74	−58 485.9
	右墩底 165 号节点	47 595.0	1.165	−849.02	−58 485.9
悬臂恒载+纵风	左墩底 155 号节点	35 824.71	1.1533	−6780.74	−16 600
悬臂恒载+施工荷载	左墩顶 26 号节点	14 524.3	1.0535	−1802.17	−16 600
	右墩底 165 号节点	55 555.4	1.2036	−1892.36	−16 600

5.运营阶段墩身恒载内力

运营阶段墩身恒载内力列于表 1-3-3,验算内力列于表 1-3-4。

18、19 号墩身恒载内力 表 1-3-3

位 置		恒 载		
		N(kN)	M_z(kN·m)	M_y(kN·m)
墩顶	26	19 358	−4 080	16 600
	30	36 975	−4 345	16 600
墩底	155	34 960	6 325	16 600
	165	52 577	6 064	16 600

18、19 号墩身验算内力组合 表 1-3-4

位 置	N (kN)	ηM_Z(kN·m)		Q (kN)	M_Y (kN·m)
		η	ηM_Z		
左墩顶 26 号节点	5 314	1.044 3	−11 834.3	488.3	23 100
左墩底	35 988	1.253 6	32 213.4	1 309.5	23 100
右墩底	50 593	1.322 7	29 992.4	1 032.7	25 800

二、桩基内力计算

1.单桩容许承载力的计算

桩基内力采用“m”法计算，分别计算横、纵向荷载内力，然后叠加。

2.施工阶段承台底内力

施工阶段承台底的内力列于表1-3-5，运营阶段承台底的内力见表1-3-6。

施工阶段承台底内力汇总

表1-3-5

荷载组合 \ 内力		顺桥向(y)			横桥向(x)		
		N (kN)	M_y (kN·m)	Q (kN)	M_x (kN·m)	H (kN)	M_T (kN·m)
悬臂恒载+横向风	风载对称(100%,100%)	102 847	1 200	0	-124 563	-1 898	0
	风载非对称(100%,50%)	102 847	1 200	0	-101 723	-2 166	-10 430
	风载非对称(100,0%)	102 847	1 200	0	-78 882	-2 435	-20 861
悬臂恒载+纵风		102 847	12 591	568	-33 200	0	0
悬臂恒载+竖向风载	对称(100%,100%)	104 460	1 199	0	-33 200	0	0
	非对称(100%,50%)	104 057	1 731	0	-33 200	0	0
	非对称(100%,0%)	103 644	2 262	0	-33 200	0	0
悬臂恒载+施工荷载		103 577	2 868	0	-33 200	0	0

运营阶段承台底内力汇总

表1-3-6

荷载组合	位置	N (kN)	M_y (kN·m)	Q (kN)	M_x (kN·m)
恒载+汽车+收缩徐变+制动力+风荷载+降温	18号墩	128 116	50 930	1 997	-46 100
		90 004	51 078	2 006	-46 100
		107 734	57 987	2 327	-46 100
	19号墩	91 139	-45 305	-1 772	-46 100
恒载+汽车+收缩徐变竖	18号墩	128 154	12 026	379	-46 100

3.单桩内力

单桩基内力计算结果列于表1-3-7。

单桩内力

表1-3-7

墩号	桩直径 D	自由长度 l_0	桩号 i	N_{iy}(kN)	ηM_{iy} (kN·m)	M_{max}的位置	桩土形变系数 α
19号墩	2.0m	19.98m	1-3	10 233	2 853	桩顶	$\alpha=\sqrt[5]{\frac{mb_1}{EI}}=0.33504$
			1-3	5 989	2 805		
			1-3	7 600	3 298		
			3-3	6 402	2 479		
			1-3	12 179	552		

第三节 施工要求

一、钻孔桩终孔原则

为了保证结构安全，实际施工中，桩底标高主要根据成孔情况和地质取样，同时参考钻机的钻进速度等综合因素按以下原则确定：

1.满足承载能力的要求；

2.桩基应进入中风化层7m以上；

3.桩尖应该穿过破碎带,至少落在完整的中风化岩层上。

施工阶段,除了18号墩11号桩因塌孔,桩底标高提高到-31.6m之外,其余桩基桩底均落在设计标高-71.5m位置。19号墩由于地质情况变化,根据以上的终孔原则,桩底标高提高至-65~-67m。

二、承台施工方案

1.18、19号主墩处水深达20m,潮差大(历年最大涨、落潮差分别为6.42m和6.34m),水深流急,故承台采用钢管桩平台和有底套箱围堰施工方案。封底厚度加大为1.5m。

2.17、20号墩位于潮间带,河床面标高分别为+1.94m和+1.76m,施工水位+3.6m,退潮时水位低于-2.3m。基础施工流程:开挖→浆砌片石筑岛围堰→布设排水边沟、涵管、集水井(利用潮差排水)→埋设护筒→架设施工平台→冲击钻孔,浇筑桩基→凿桩头,浇筑承台混凝土。

第四章　上部结构设计

第一节　结构构造设计

一、箱梁主要尺寸

1.拟定主梁尺寸的原则

1)经济适用、安全可靠、施工快捷。

2)配合总体线形的景观效果,同时具有独立的个性。

3)充分考虑弯桥的复杂受力特点及施工中不稳定因素,主梁断面构造、配束、布筋上保证足够的安全储备。

2.主要尺寸

上翼缘板宽15.4m,底板宽7.0m,翼缘板悬臂长度4.2m。顶板厚度30~50cm,底板厚度32~85cm。腹板厚度在0号梁段的隔板范围内为80cm,1~13号梁段为65cm,14~20号梁段及42m边跨为50cm,边跨现浇段6.9m范围内为65cm。梁段划分从墩顶至跨中分别为:1×2.5m、7×3.0m、5×3.5m、6×4.0m,累计最大悬臂长度为65m,,悬臂浇筑的最大块件质量约为149t。跨中合拢段长为2.00m,质量为51t;边跨现浇段长8.9m(含合拢段)。主梁一般构造及梁段划分见第二章图1-2-3、图1-2-4、图1-2-5。

二、箱梁截面形式及构造特点

1.主梁横断面

西航道桥上部结构为双幅分离的单箱单室直腹板式箱型梁,见第二章图1-2-2、图1-2-3。

由于本桥位于曲线段上,左幅桥横向坡度变化范围为2%~3%,右幅桥横向坡度变化范围为-3%~2%。为了增强施工过程中的抗风稳定性和结构的整体刚度与抗震性能,在连续刚构根部0号段中各设置两道横向贯通的横隔板,将两个分离箱连成整体。0号段构造见图1-4-1、图1-4-2、图1-4-3。

2.梁高、板厚变化规律

根部梁高7.5m,跨中梁高2.5m,其间按二次抛物线变化。

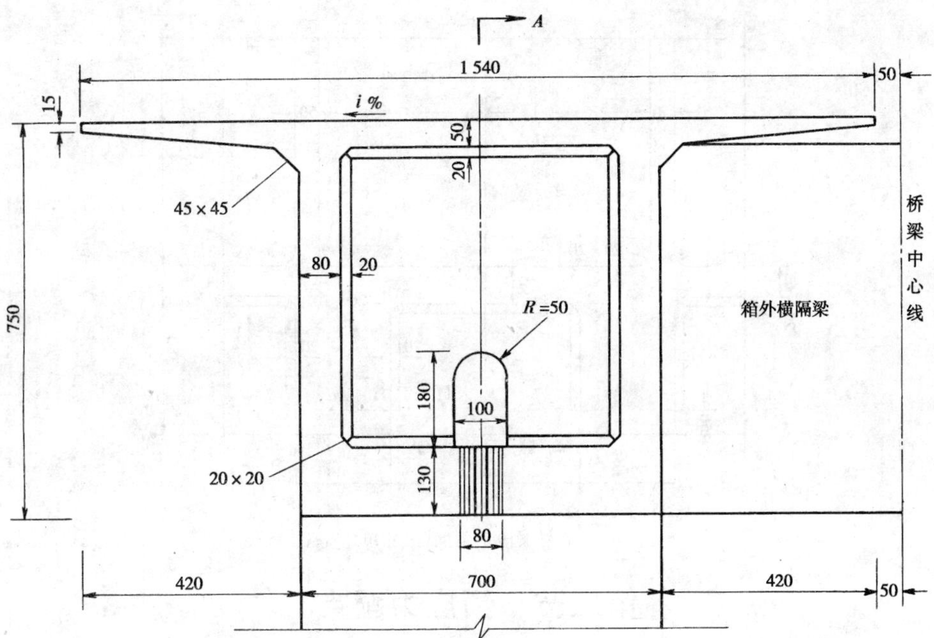

图 1-4-1　0 号梁段的横剖面(尺寸单位:cm)

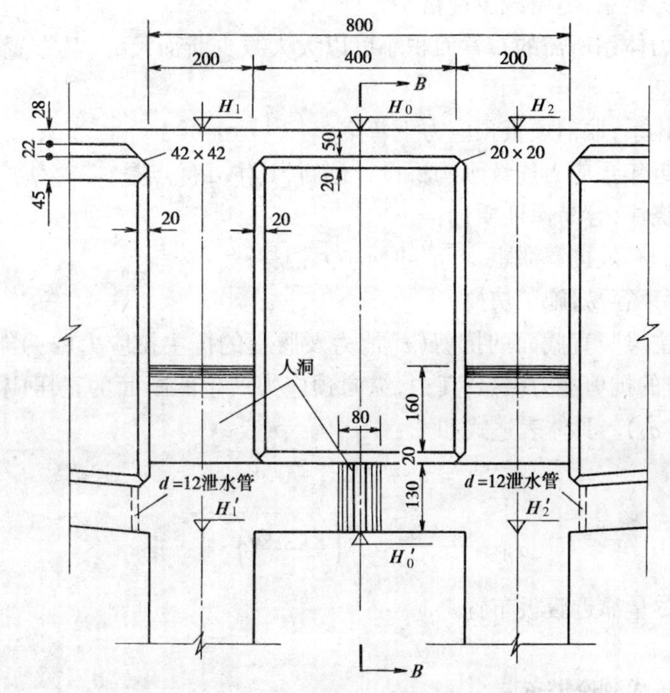

图 1-4-2　0 号梁段侧剖面(尺寸单位:cm)

梁高:$H_x = 0.001\ 183x^2 + 2.5$

底板厚度:$D_x = 0.000\ 125\ 4x^2 + 0.32$

3.支座设置

除两个主墩不设支座外,本桥其余各墩均设置盆式橡胶支座。单幅桥横向摆放两个支座。为了满足弯坡桥梁的受力及变形要求,其支座均采用双向活动支座。

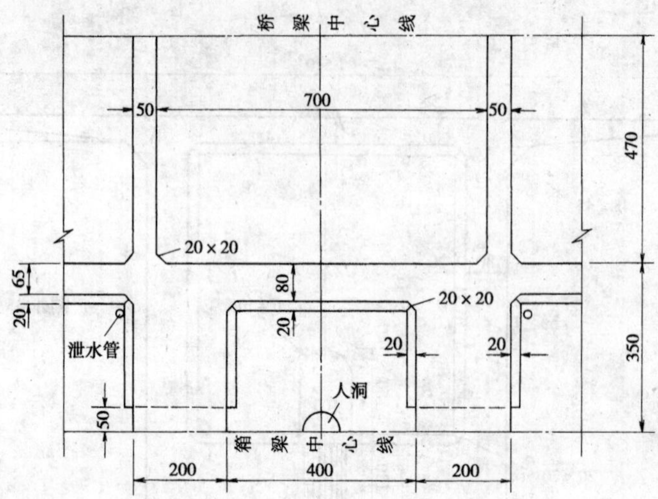

图 1-4-3　0 号梁段平剖面(尺寸单位:cm)

第二节　预应力配束

一、配 束 原 则

1.采用大吨位预应力钢束,尽量减少规格

采用大吨位的预应力体系所需的布索面积小可以大大减少断面尺寸,且布置简单,受力明确,由截面应力控制设计。

2.采用三向预应力体系,取消顶板预应力下弯束

取消顶板下弯束是近年预应力连续刚构桥设计创新,其主要优点是:

1)方便腹板混凝土浇注,容易保证质量;

2)充分发挥预应力的有效抗弯惯距,可节约预应力钢材;

3)张拉锚固简单,穿束容易,施工快捷。

三项预应力体系的主梁竖直截面的抗剪(τ)能力及腹板的抗主拉应力(σ_{zl})能力由三部分组成:其一,钢筋混凝土结构自身的抗剪能力(τ_α);其二,纵向预应力产生的断面的正压应力(σ_x);其三,竖向预应力产生的竖向压应力(σ_y)。具体表述式如下:

$$\tau = \tau_\alpha + 0.2\sigma_x + 0.4\sigma_y$$

$$\sigma_{zl} = \frac{\sigma_x + \sigma_y}{2} - \sqrt{\left(\frac{\sigma_x - \sigma_y}{2}\right)^2 + \tau^2}$$

3.纵向预应力索应尽量靠近腹板布置

其优点如下:

1)可使预应力有效传递到全断面;

2)减少了钢束的平弯范围,降低了摩阻损失;

3)由于底板为二次抛物线,底板钢束靠近腹板可减小预应力对底板的径向压力和底板横向跨中弯矩。

4.锚头和管道间隙容易满足构造和施工需要。

二、预应力束的布置

1.纵向预应力束的布置

西航道桥上部结构顶、底板纵向预应力钢束规格以15－19为主，少量规格15－5。

在中墩墩顶截面共配置15－19预应力钢绞线72束，并设置4个备用管道，以后各段逐对减少，直至悬臂末端；顶板未设齿板，预应力钢束不设下弯腹板束，全部锚固在各施工梁段的端部。边跨12束15－19，中跨20束15－19，跨中底板设置两束备用管道。跨中顶板设置了16束15－5预应力钢束，锚具采用扁锚。15－19每束张拉吨位为3 710kN，15－5每束张拉吨位为980kN。根据构造特点及受力需要，边跨设置弯起束，底板设置齿板锚固钢束。

两孔42m连续梁部分的纵向预应力采用腹板束，共配12束15－19，逐孔施工，通过连结器形成连续束，部分底板钢束通过齿板锚固。

纵向预应力布束参见第二章图1-2-5。

2.横向预应力束的布置

取出根部截面、$L/4$、$L/2$、$3L/4$截面处每延米梁段，按横向框架分析。分析项目包括：

1)确定每米梁段的有效分布荷载；

2)横向预应力张拉时的内(应)力模拟分析；

3)运营阶段的荷载横向动态分析；

4)行车道板悬臂及跨中的预应力控制设计。

箱梁翼缘板悬臂长度为4.2m，由于顶板较薄，除需布置普通受力钢筋外，还需布置横向预应力筋，根据计算最终确定每延米配一束15－3预应力钢绞线，采用一端张拉、一端轧花固定的锚固方式，每束张拉力为588kN。横向预应力布置见图1-4-4。

图1-4-4 主梁横向预应力钢束布置

3.竖向预应力筋的布置

主拉应力主要由竖向预应力筋及纵向预应力筋承担，经计算在(78＋140＋78)m箱梁腹板范围内按间距50cm设置竖向预应力筋，见图1-4-5。

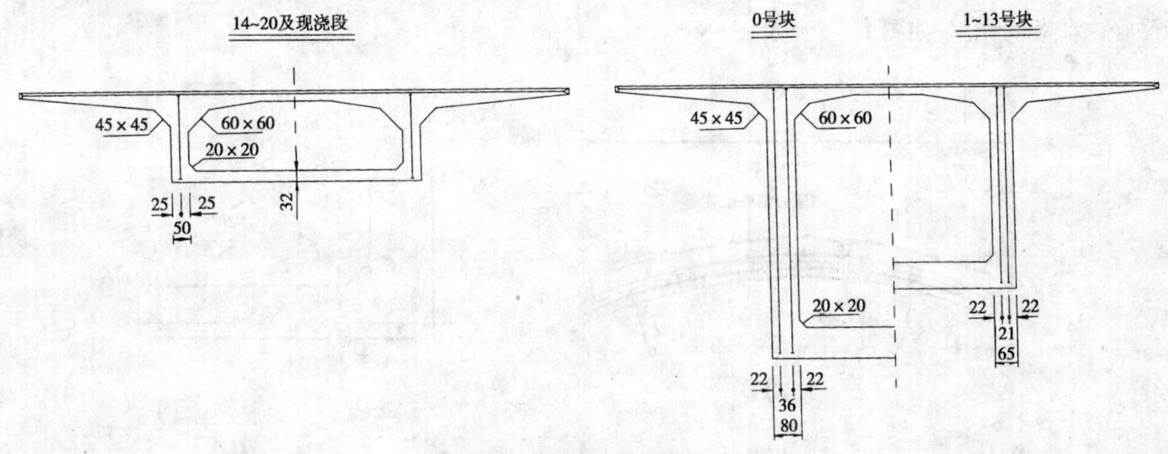

图1-4-5 竖向预应力筋横向布置(单位:cm)

竖向预应力体系采用直径 32mm 的高强精轧螺纹粗钢筋，每根张拉吨位为 540kN。锚具型号为 YGM32。

三、预应力筋设计要点

1.不平衡荷载的考虑

单 T 施工最大悬臂状态及成桥状态中可能出现的各种不平衡荷载用弯矩包络图考虑，并据此进行预应力筋设计。

2.断面正应力的控制

在箱形截面中，由于箱梁顶(底)板宽度比腹板大得多，当承受对称纵向荷载时，将产生纵向翘曲位移，顶(底)板受平面内剪切变形影响，其法向应力呈现出非均匀分布状态，称之为"剪力滞后"现象。如果翼缘与腹板的正应力大于按初等梁理论计算的理论值，称之为"正剪力滞"，反之称之为"负剪力滞"。因总体计算采用平面杆系程序，计算理论采用平截面假定和杆系理论，所以设计控制应力中还应考虑剪力滞的影响。

剪力滞效应的主要影响因素及特点如下：

1)跨宽比愈大，剪力滞效应影响愈小。

2)恒载在总荷载中的比例愈大，剪力滞效应影响愈小。

应用空间有限元计算和试验成果，得出顶板的剪力滞影响系数变化范围为 1.038～1.197，底板的剪力滞影响系数变化范围为 0.948～1.191，说明扭转效应对断面应力的影响不大。

根据《公路钢筋混凝土及预应力混凝土桥涵设计规范》(JTJ 023—85)规定，50 号混凝土压应力控制指标如下：

施工阶段：$\sigma_{ha} \leqslant 0.75R_a^{b'} = 0.75 \times 0.8 \times 35 = 21\text{MPa}$

使用阶段：组合 I　$\sigma_{ha} \leqslant 0.5R_a^{b} = 0.5 \times 35 = 17.5\text{MPa}$

组合 II　$\sigma_{ha} \leqslant 0.6R_a^{b} = 0.6 \times 35 = 21\text{MPa}$

考虑剪力滞等影响因素后，实际设计中箱梁断面的纵向应力控制值为：

根部和 1/4 跨顶(底)板混凝土的压应力 $\sigma_{ha} \leqslant 14\text{MPa}$

跨中底板混凝土的压应力 $\sigma_{ha} \geqslant 1.5\text{MPa}$

3.充分考虑底板预应力钢束弯曲产生的径向力的影响

由于全跨截面高度变化，底板预应力钢束随之纵向弯曲，并产生径向附加力 q。径向力的大小与曲率半径 R 和预应力钢束的有效预加力 P 有关，$q = \frac{P}{R}$。弯曲钢束产生的附加径向力使管道下缘混凝土承受径向荷载的作用，如图 1-4-6 所示。

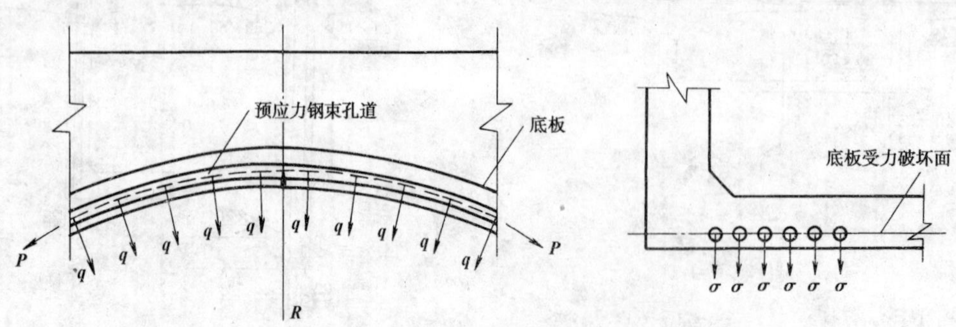

图 1-4-6　预应力弯曲钢束对底板的径向力

为了防止径向力使底板开裂，设计中采取了如下措施：

1)底板采用大吨位预应力束,单层布束,减少底板受力的复杂性;

2)底板弯曲预应力钢束中心距离底板下缘不小于12cm;

3)在底板上、下缘横向受力钢筋外侧布设U型箍筋。

第三节 结构计算分析

一、主要计算参数

1.结构计算参数

1)二期恒载:54.0kN/m。

2)计算温度:全桥体系升降温±20℃。桥面板温差±5℃,同时参考英国规范BS 5400考虑温度梯度模式。

3)支座沉降:主墩2cm,过渡墩1cm,并分别进行组合计算。

4)混凝土收缩徐变参数:

弹性继效系数 $k=0.3$ 徐变速度系数 $r=0.021$

徐变终极值 $\phi_k=2.3$ 收缩速度系数 $r_k=0.021$

收缩终极值 $\phi r=0.000\,15$

预应力钢束与管道的摩阻系数 $\mu-0.25$

预应力管道的偏差系数 $k_1=0.001\,2$

5)活载折减系数

纵向计算单幅桥按四车道加载,考虑纵向、横向折减及偏载:

纵向折减系数 $k_1=0.97$ 横向折减系数 $k_2=0.67$ 横向抗扭增大系数 $k_3=1.15$

6)支座摩阻系数 $k_4=0.05$

2.群桩基础的结构处理

本桥的主墩基础为群桩,在全桥结构总体计算中,按照整体刚度相等原则把群桩结构模拟成为双柱式基础,双柱之间采用刚性杆件将柱顶连接,其计算模型如图1-4-7所示的'Π'形结构。具体换算公式为:

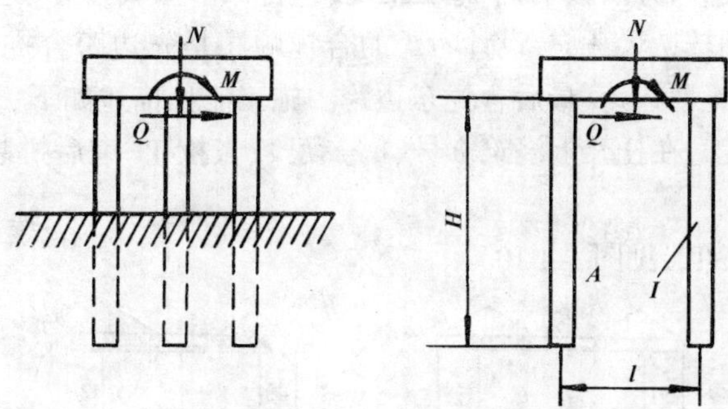

图1-4-7 群桩基础简化模型

$$H=\frac{2\cdot\delta_{M=1}}{\varphi_{M=1}}$$

$$A=\frac{H}{2\cdot E\cdot\delta_{N=1}}$$

$$I=\frac{H^3}{(24\cdot\delta_{Q=1}-12\cdot\varphi_{Q=1}\cdot H)\cdot E}$$

$$l=\sqrt{\frac{24I\cdot\delta_{M=1}-16\cdot H\cdot\varphi_{M=1}\cdot I+2\cdot H^2/E}{H\cdot A\cdot\varphi_{M=1}}}$$

$$b = \sqrt{\frac{12 \cdot I}{A}}$$

$$a = \frac{A}{b}$$

式中：$\delta_{M=1}$、$\phi_{M=1}$——当承台底面中心作用 $M=1$ 时，该点产生的水平位移和转角；

$\delta_{N=1}$——当承台底面中心作用 $N=1$ 时，该点产生的竖向位移；

$\delta_{Q=1}$、$\phi_{Q=1}$——当承台底面中心作用 $Q=1$ 时，该点产生的水平位移和转角。

二、结构离散及考虑的因素

本桥总体计算采用桥梁结构静力计算通用程序 QJX-IV 按平面杆系进行结构分析，按照实际施工顺序进行结构离散，共划分为 200 个单元，其中主梁单元 144 个，墩身单元 40 个，基础单元 16 个，18、19 号墩群桩结构按照等效刚度的原则模拟成为双柱式基础，结构离散图见图 1-4-8。

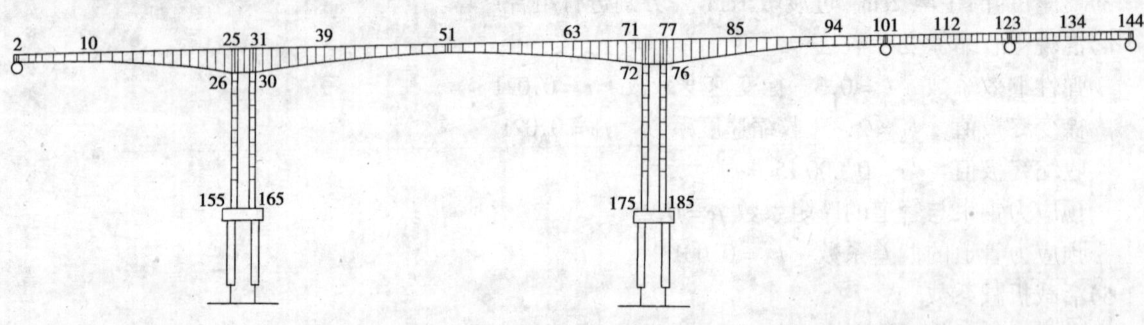

图 1-4-8　全桥结构离散图

三、计算工况划分

根据结构悬臂施工特点，一节梁段分为如下四个施工工况：立模板→浇注梁段混凝土→张拉预应力钢束→移动挂篮。

根据施工过程和结构受力特点，按 71 个施工工况（包含二部恒载）、1 个运营工况、共 72 个工况进行计算。浇筑一段梁段的工期按 7 天考虑，设计考虑的合拢顺序是先边跨合拢，后中跨合拢，实际施工中调整为先合拢中跨，再次合拢西边跨，最后合拢东边跨。施工流程描述如下：

1. 完成桩基础、墩身施工，在托架上浇筑 0 号、1 号梁段、张拉 T1 束后拼装联体挂篮，浇筑 2 号梁段混凝土，见图 1-4-9。

2. 张拉 2 号梁段顶板束 T2，见图 1-4-10。

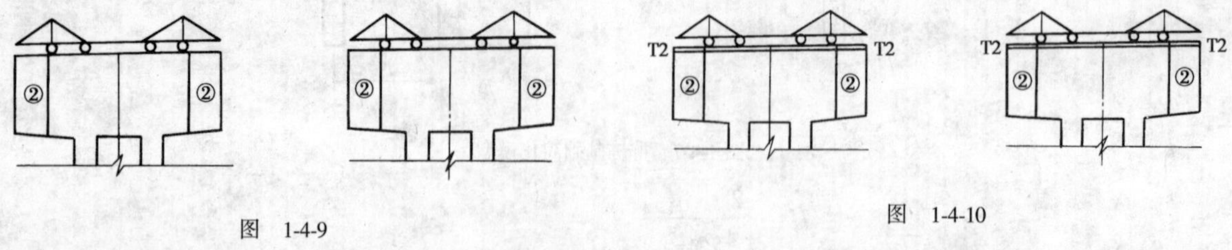

图　1-4-9

图　1-4-10

3. 挂篮前移，调整立模标高，准备浇筑 3 号梁段，见图 1-4-11。

4. 浇筑 3 号梁段混凝土，见图 1-4-12。

5. 张拉 3 号梁段顶板束 T3，见图 1-4-13。

6. 挂篮前移，调整立模标高，准备浇筑 4 号梁段混凝土，同上完成其他梁段的浇筑，见图 1-4-14。

7. 浇筑 19 号梁段混凝土（单 T 最后一个梁段），见图 1-4-15。

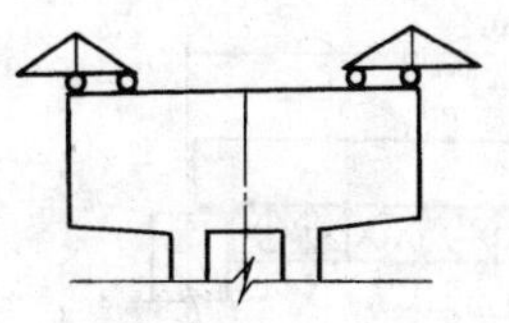
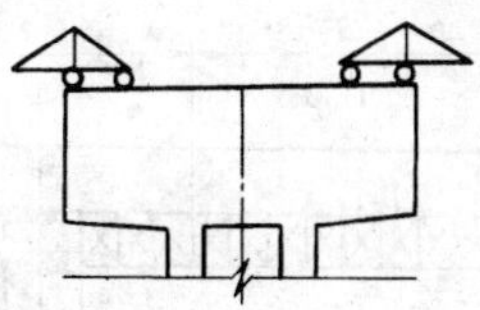

图 1-4-11

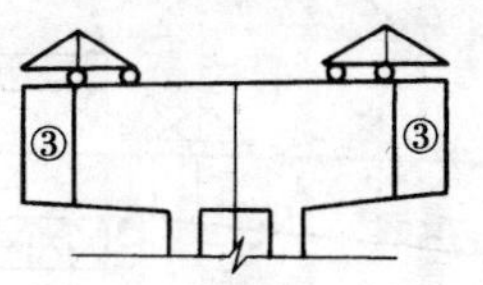

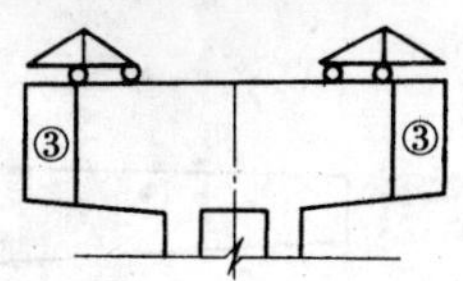

图 1-4-12

8.张拉 19 号梁段顶板束 T19。

9.利用悬浇挂篮浇筑中跨合拢段,架设西边跨落地支架,见图 1-4-16。

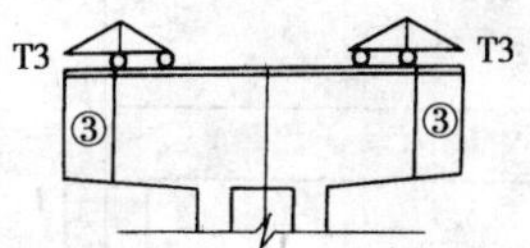

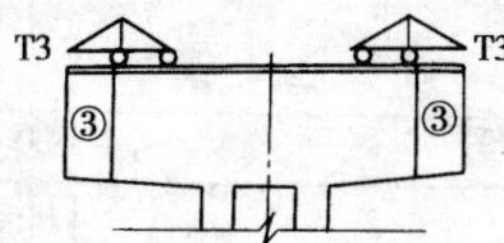

图 1-4-13

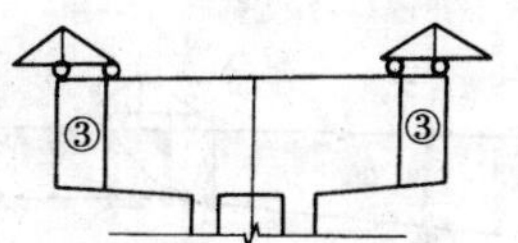

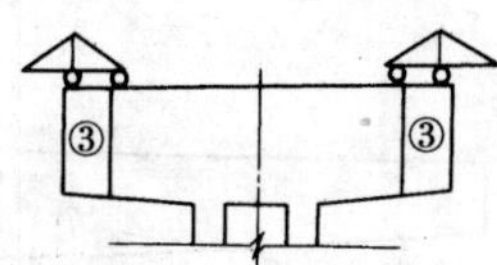

图 1-4-14

10.安装边墩支座,在落地支架上现浇边跨 7 m 梁段,见图 1-4-17。

11.由东向西逐孔浇筑第一孔 42m 连续梁,并张拉预应力钢束,见图 1-4-18。

12.安装预应力钢束联结器,与第一孔梁内纵向预应力钢束相接,浇筑第二孔 42m 连续梁,并张拉预应力钢束,见图 1-4-19。

13.东边跨合拢,全桥合拢,见图 1-4-20。

14.施工桥面铺装。

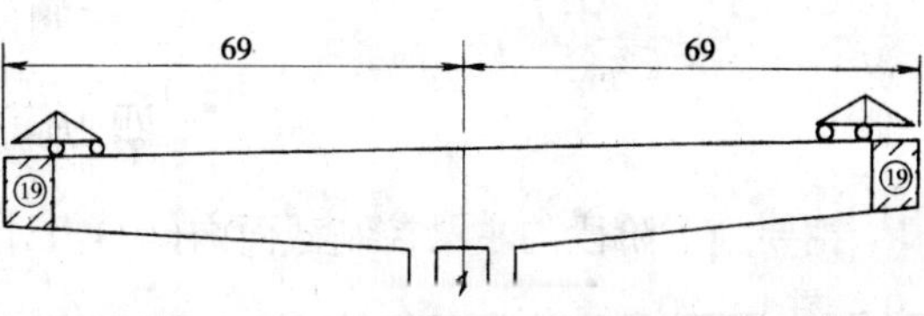

图 1-4-15 (单位:m)

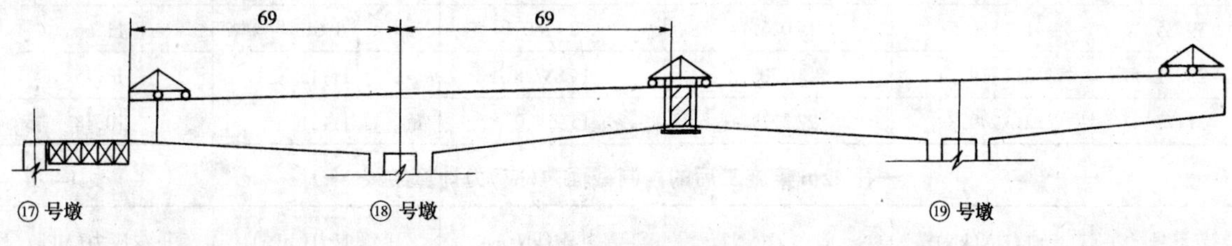

图 1-4-16 (单位:m)

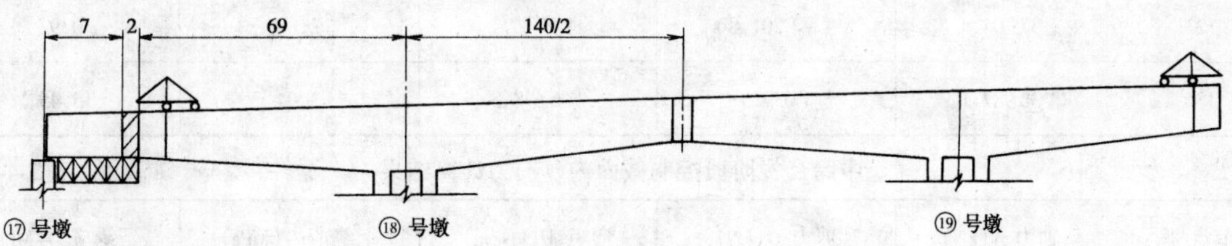

图 1-4-17 (单位:m)

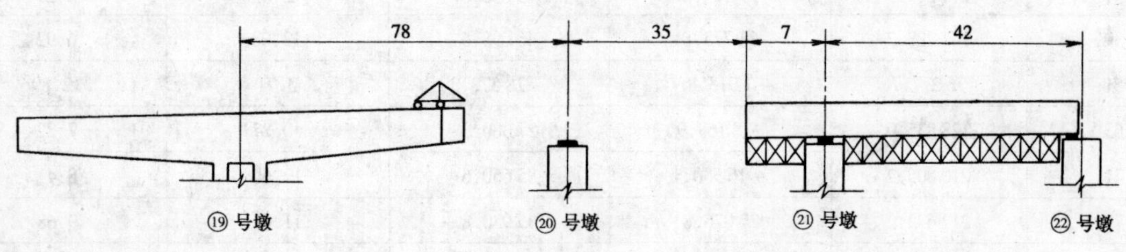

图 1-4-18 (单位:m)

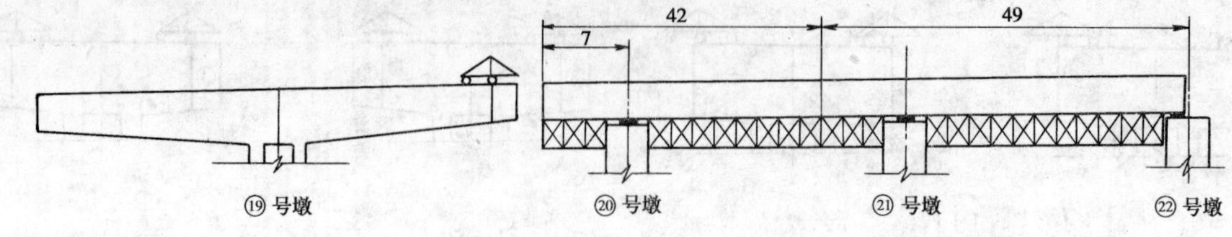

图 1-4-19（单位：m）

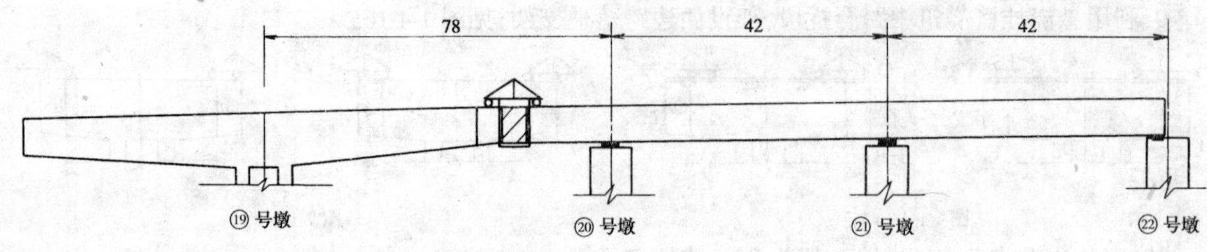

图 1-4-20（单位：m）

四、施工阶段计算结果

主要施工阶段的主梁控制截面内(应)力计算结果见表1-4-1～表1-4-5，相应的施工流程可参见图1-4-9～图1-4-20。

最大悬臂状态控制截面的内(应)力计算结果 表1-4-1

节点号	轴力 N(kN)	剪力 Q(kN)	弯矩 M(kN·m)	上缘应力(MPa)	下缘应力(MPa)
17、63	130 270.6	－8 308.9	－44 488.6	6.96	11.76
39、85	142 866.5	15 026.1	－29 280.0	8.61	11.66
25、71	212 119.1	－16 703.2	14 807.8	11.13	10.15
31、77	213 249.8	27 577.2	15 954.2	11.21	10.18

一孔42m梁施工后的控制截面内(应)力计算结果 表1-4-2

节点号	轴力 N(kN)	剪力 Q(kN)	弯矩 M(kN·m)	上缘应力(MPa)	下缘应力(MPa)
123	37 704.4	－1 201.8	8 234.7	2.88	0.92
134	38 987.1	1 039.3	－6 678.3	3.04	5.45

中跨合拢阶段控制截面内(应)力计算结果 表1-4-3

节点号	轴力 N(kN)	剪力 Q(kN)	弯矩 M(kN·m)	上缘应力(MPa)	下缘应力(MPa)
17	129 584.0	－7 890.1	－29 403.0	7.63	10.78
25	211 457.6	－16 261.3	38 287.5	11.61	9.56
31	211 864.3	27 313.4	93 088.6	12.82	8.29
39	141 288.3	14 775.8	46 098.5	12.08	6.92
51	76 277.7	1 913.8	－28 572.3	3.71	12.89
63	128 835.0	－8 163.9	27 380.3	10.27	7.22
71	210 805.2	－16 530.1	85 650.6	12.60	8.41
77	212 632.2	27 076.8	35 930.8	11.61	9.68
85	142 166.3	14 534.4	－17 006.4	9.14	10.87

两边跨合拢以后的控制截面内(应)力计算结果　表 1-4-4

节点号	轴力 N(kN)	剪力 Q(kN)	弯矩 M(kN·m)	上缘应力(MPa)	下缘应力(MPa)
2	11 182.0	442.2	－6 156.0	0.28	2.34
10	70 275.6	1 503.8	19 849.0	4.45	9.70
17	132 634.3	6 808.6	8 377.2	8.84	9.70
25	208 706.2	15 451.3	84 419.3	12.48	8.34
31	209 090.3	26 912.4	98 507.5	12.81	8.03
39	137 799.4	14 421.9	53 138.6	12.17	6.25
51	69 583.4	1 671.0	－10 571.1	5.39	8.83
63	125 856.8	8 153.8	28 904.4	10.14	6.92
71	208 238.8	16 432.6	82 050.2	12.40	8.38
77	210 259.7	27 190.1	55 072.2	11.91	9.11
85	145 107.1	14 557.6	－224.4	10.14	10.04
94	58 980.1	3 795.7	－6 052.5	5.44	6.15
10	61 367.6	5 841.1	14 684.7	4.81	1.35
11	52 764.6	501.4	－1 503.8	5.18	5.68
12	61 549.9	7 067.8	10 371.4	4.35	1.89
13	42 662.0	884.3	－8 053.1	3.22	6.12
14	24 856.5	－2 388.3	－15 766.9	－0.38	3.35

桥面铺装后的控制截面内(应)力计算结果　表 1-4-5

节点号	轴力 N(kN)	剪力 Q(kN)	弯矩 M(kN·m)	上缘应力(MPa)	下缘应力(MPa)
2	1 114.66	141.08	－615.52	0.27	2.33
10	7 008.68	183.64	1 215.38	5.25	8.45
17	13 257.19	851.39	2 675.67	7.96	10.82
25	20 922.14	－1 845.95	1 277.41	10.95	10.06
31	21 027.02	3 059.14	34.54	10.72	10.40
39	13 823.04	1 674.14	2 083.45	10.67	8.26
51	7 014.50	169.20	530.35	7.49	5.87
63	12 624.36	1 043.65	289.02	8.65	8.91
71	20 936.47	2 003.44	1 541.85	10.33	10.73
77	21 065.79	3 010.92	－1 371.49	10.43	10.76
85	14 497.75	1 615.24	－1 785.51	9.29	11.11
94	5 874.16	358.45	9.74	5.69	5.70
10	6 096.17	679.27	963.60	4.24	1.96
11	5 236.39	31.94	215.89	5.63	4.84
12	6 133.42	847.55	－211.26	2.97	3.44
13	4 263.19	116.29	269.98	3.95	4.94
14	2 479.94	317.91	1 574.85	－0.38	3.35

五、运营阶段计算结果

运营阶段只列出了组合一(汽车荷载 + 恒载)、组合二(挂车荷载 + 恒载)、组合三(汽车荷载 + 恒载 + 升温)、组合四(汽车荷载 + 恒载 + 降温)四种组合的计算结果,见表 1-4-6,表 1-4-7。

运营阶段主梁控制截面内力计算结果 表 1-4-6

组合	节点	轴力(kN)		弯矩(kN·m)		组合	节点	轴力(kN)		弯矩(kN·m)	
		MAX	MIN	MAX	MIN			MAX	MIN	MAX	MIN
	10	70 087	70 087	10 203	20 924		10	70 296	70 296	9 423	21 705
	17	132 572	132 572	– 16 201	– 47 575		17	132 781	132 781	– 17 274	– 48 649
	25	209 221	209 221	12 912	51 109		25	209 431	209 431	11 741	52 280
	31	210 815	209 980	8 190	95 940		31	211 491	210 656	6 870	97 261
	39	138 776	137 940	31 019	16 037		39	139 451	138 616	29 106	17 951
	51	70 690	69 855	28 977	3 019		51	71 366	70 531	27 324	1 366
	63	126 789	125 954	7 947	39 807		63	127 465	126 629	7 875	39 879
一	71	209 910	209 075	– 5 411	– 111 987	三	71	210 586	209 751	– 3 874	– 110 449
	77	210 658	210 658	– 7 041	– 72 995		77	211 277	211 277	– 15 919	– 81 873
	85	144 978	144 978	– 5 115	– 39 404		85	145 596	145 596	– 10 341	– 44 631
	94	58 742	58 742	13 737	5 561		94	59 360	59 360	14 562	4 736
	101	60 962	60 962	16 668	6 401		101	62 039	62 039	20 272	2 797
	112	52 364	52 364	14 330	4 137		112	53 441	53 441	15 317	3 150
	123	61 334	61 334	1 179	14 957		123	61 667	61 667	1 193	14 943
	134	42 632	42 632	10 805	6 498		134	42 965	42 965	10 474	6 829
	10	70 087	70 087	1 465	15 635		10	69 878	69 878	10 983	20 144
	17	132 572	132 572	– 18 476	– 33 925		17	132 363	132 362	– 15 128	– 46 502
	25	209 221	209 221	13 162	10 604		25	209 012	209 012	14 083	49 938
	31	210 454	210 179	4 080	33 915		31	210 139	209 304	9 510	94 620
	39	138 414	126 996	26 704	6 589		39	138 099	1 372 643	32 933	14 124
	51	70 329	70 054	18 402	4 581		51	70 014	69 179	30 629	4 672
	63	126 427	126 152	2 811	17 517		63	126 113	125 277	8 019	39 735
二	71	209 548	209 273	– 11 040	– 50 229	四	71	209 234	208 398	– 6 948	– 113 524
	77	210 658	210 658	– 9 813	– 33 003		77	210 039	210 039	1 837	64 117
	85	144 978	144 978	– 8 961	– 25 596		85	144 359	144 358	112	34 178
	94	58 742	58 742	8 973	– 2 588		94	58 123	58 123	12 912	6 386
	101	60 962	60 962	11 989	3 006		101	59 884	59 884	13 065	10 005
	112	52 364	52 364	10 502	300		112	51 287	51 287	13 343	5 124
	123	61 334	61 334	– 401	– 7 934		123	61 001	61 001	1 165	14 970
	134	42 632	42 632	7 009	– 4 980		134	42 299	42 299	11 136	6 167

运营阶段各种组合主梁控制截面应力计算结果 表 1-4-7

组合	节点	上缘应力(MPa)		下缘应力(MPa)		组合	节点	上缘应力(MPa)		下缘应力(MPa)	
		MAX	MIN	MAX	MIN			MAX	MIN	MAX	MIN
	10	7.64	4.32	9.85	4.89		10	7.57	4.25	9.99	5.03
	17	8.48	6.97	12.095	10.148		17	8.44	6.93	12.175	10.228
	25	10.95	9.56	11.567	10.054		25	10.936	9.54	11.605	10.092
	31	10.892	8.66	12.699	10.209		31	10.896	8.66	12.763	10.27
	39	11.154	8.95	10.557	7.64		39	11.109	8.90	10.720	7.80
	51	10.597	7.17	6.28	1.43		51	10.449	7.02	6.65	1.81
	63	9.17	6.92	11.205	8.24		63	9.21	6.96	11.255	8.29
一	71	10.54	8.25	13.038	10.489	三	71	10.607	8.32	13.034	10.485
	77	10.578	9.14	12.159	10.599		77	10.415	8.98	12.399	10.83
	85	9.90	8.27	12.434	10.330		85	9.69	8.06	12.797	10.692
	94	7.37	4.99	6.73	3.19		94	7.53	5.16	6.64	3.10
	101	5.01	2.48	3.94	1.09		101	5.46	2.93	3.55	0.70
	112	7.28	4.78	6.21	2.20		112	7.53	5.02	6.10	2.09
	123	3.33	1.56	5.04	3.03		123	3.35	1.58	5.06	3.04
	134	5.79	3.43	5.77	1.96		134	5.78	3.42	5.88	2.07
	10	6.70	4.88	9.01	6.28		10	7.70	4.38	9.71	4.74
	17	8.35	7.62	11.258	10.310		17	8.52	7.01	12.015	10.068
	25	10.956	10.440	10.610	10.048		25	10.96	9.58	11.530	10.016
	31	10.807	9.99	11.221	10.310		31	10.888	8.65	12.635	10.145
	39	10.955	10.007	9.15	7.91		39	11.199	8.99	10.393	7.47
	51	9.20	7.39	5.99	3.40		51	10.745	7.32	5.89	1.05
	63	8.93	7.97	9.82	8.56		63	9.13	6.88	11.154	8.19
二	71	10.423	9.58	11.565	10.626	四	71	10.47	8.19	13.041	10.492
	77	10.518	10.013	11.213	10.665		77	10.74	9.31	11.919	10.359
	85	9.71	8.92	11.587	10.56		85	10.101	8.47	12.072	9.97
	94	6.79	5.36	6.19	4.07		94	7.21	4.83	6.83	3.28
	101	4.50	3.51	2.78	1.67		101	4.56	2.03	4.33	1.48
	112	6.76	5.30	5.38	3.03		112	7.04	4.54	6.31	2.30
	123	3.15	2.33	4.16	3.22		123	3.31	1.54	5.02	3.01
	134	5.27	3.64	5.44	2.80		134	5.80	3.44	5.66	1.86

六、弯坡连续刚构的受力特点及评述

理论分析表明，闭口薄壁变截面曲线梁桥在承受外荷载作用的情况下是否考虑翘曲的影响，主要取决于薄壁箱梁断面的翘曲扭转衰减系因子 $X = KL$（K 为翘曲刚度参数，L 为跨径）。当 $X \geqslant 10$ 时，可以不用考虑翘曲双力矩的影响，近似按纯扭转理论进行弯扭耦合作用的反应分析。

本桥计算证明，由于本桥为预应力混凝土箱梁，断面翘曲正应力和剪应力与由弯曲产生的正应力和由扭转产生的剪应力相比，其值较小。因此设计中可以按纯扭转理论进行计算而不考虑翘曲影响。曲线连续梁桥在垂直荷载作用下，同时产生弯矩和扭矩，且两者互相耦合，对主梁的荷载效应的影响比直线梁桥要大，同时对下部结构也会产生不利影响，以下列出弯坡连续刚构桥的部分计算结果，以兹比较。

1.弯、坡连续刚构箱梁，在恒载和活载作用下均会产生比直梁桥大的扭矩和扭转角，由弯曲增加的扭矩见表 1-4-8。

两截面扭矩计算结果(单位:kN·m)　　表 1-4-8

工　况	中跨根部截面	17 号墩顶主梁端部
恒　载	-16 569.8	-3 349.1
汽车—超 20 级	-9 154.5	-6 719.9
挂车—120 级	-5 677.3	-5 633.1
恒载+汽车	-25 724.3	-10 069.0
恒载+挂车	-22 247.1	-8 982.2

2.该桥的曲线半径 $R=900$m，中跨圆心角 $\varphi_0=8.4806°$，边跨圆心角 $\varphi_0=4.7414°$，曲率对弯矩的影响很小，连续刚构弯梁桥的最大弯矩只比直线桥大约 0.3%，所以，可用综合程序 QJX-IV 计算出的弯矩作为配束的依据。

3.由于曲率的影响，主梁还将对墩身产生横向弯矩，在墩身设计阶段应该引起重视，此外，过渡墩的两个支座存在较大的反力差，故在支座选型中应该注意此项因素。最大悬臂施工阶段和运营阶段墩顶的横向弯矩值见表 1-4-9。

主墩最大悬臂施工阶段和运营阶段墩顶的横向弯矩值　　表 1-4-9

阶　段	横 向 弯 矩(kN·m)
最大悬臂施工阶段	33 149.6
运营阶段	46 048.5

4.在弯连续刚构桥设计中，由于约束扭转产生的剪力对箱梁薄壁结构的影响是不容忽视的问题。约束扭转产生的剪应力包括两部分，第一部分为自由扭转产生剪应力 $\tau=\dfrac{T}{2\delta\Omega}$($T$ 为扭矩，δ 为箱梁的壁厚，Ω 为箱梁所包围的面积)；第二部分为由于约束正应力变化而引起的剪应力 τ_{ω}，由于此项应力较小，设计中未予考虑。自由扭转产生的剪应力 τ 计算结果列于表 1-4-10。

自由扭转剪应力 τ 汇总(单位:MPa)　　表 1-4-10

项　目 \ 节　点　号	中　跨			边　跨	
	31	39	25	2	10
$\tau_{腹}$	-0.49	-0.54	0.44	-0.90	0.27
$\tau_{底}$	-0.35	-0.49	0.31	-1.13	0.30
$\tau_{顶}$	-0.65	-0.48	0.58	-0.80	0.35

注：节点号参见离散图 1-4-8。

5.由于曲率的影响和预应力的作用，在悬臂施工阶段除了产生竖向挠度外，还产生扭转角、径向水平位移，给施工控制增加了一定的难度。

6.根据施工控制经验，预应力钢束能够抵消部分径向应力对主梁的不利影响，设计中如根据受力情况合理调整箱梁两侧的钢束位置，对调整施工线形有一定的作用。

第四节　梁段悬臂施工要求

一、梁段悬浇工期

一个梁段的施工工期一般按 7 天计算。其中，浇筑混凝土及养生 3 天，此时混凝土强度应达到设计强度的85%;穿束、张拉1天;移动挂篮1天;立模、调整标高2天。

二、施工荷载控制

在悬臂施工中,要求对称平衡浇筑桥墩两侧梁段,悬臂两侧的施工机具荷载质量尽量相同;在边、中跨合拢过程中,浇筑混凝土前应根据浇筑块件的质量相应压重,在浇筑混凝土过程中,按每级5t逐次减重,以保持荷载平衡。

三、预应力管道布设要求

随着箱梁施工进展,纵向预应力管道将逐节加长,因多数钢束都设有平弯和竖弯曲线,所以管道定位要准确牢固,接头处不得有毛刺、卷边、折角等现象;接口要封严,不得漏浆;浇筑混凝土时,管道内可衬硬塑料管芯(混凝土浇筑完成后拔出),这对防止管道变形、漏浆有较好效果。混凝土浇筑后应及时通孔、清孔,发现阻塞应及时处理。竖向预应力管道下端要封严,防止漏浆;上端应封闭,防止水和杂物进入管道。横向预应力管道安装时一定要防止出现水平和竖直弯曲,严禁人踩和挤压,轧花锚端管道要封严。

四、预应力张拉控制要求

所有预应力钢束张拉均应按张拉吨位和引伸量两个指标进行双控。当钢束张拉达到设计张拉吨位时,其实际与理论引伸量之间的允许误差应控制在-5%~10%之间。钢束实际引伸量值应扣除钢束非弹性变形影响,按下式推算:

$$\Delta = \frac{\Delta_0 P}{P - P_0} - \delta$$

式中:Δ 为实际引伸量值;P 为设计张拉吨位;P_0 为初始张拉吨位,一般为15%P,具体视引伸量值是否线形变化而定;Δ_0 为由 $P_0 \rightarrow P$ 的实测引伸量值;δ 为夹片回缩值,由实测决定。同时要求同一断面的断丝率不得大于1%,且不允许整根钢绞线拉断。

预应力钢束和粗钢筋张拉完毕,严禁撞击锚头和钢束。

五、体系转换要求

原设计合拢顺序为先合拢边跨,后合拢中跨。由于两孔42m梁的施工进度滞后,经研究调整了合拢顺序,改为:中跨合拢→西边跨合拢→42m梁由东向西逐孔浇筑→合拢东边跨。

中跨和东边跨合拢段设置了劲性骨架,主要作用是在浇筑合拢段混凝土之前"锁定"合拢段两侧箱梁,防止合拢段混凝土在施加预应力前开裂。"锁定"过程为:完成合拢段立模、绑扎钢筋及预应力管道,按要求施加压重;在设定的合拢温度下焊死刚性杆与锚固杆之间的连接板,并同时用薄钢板填实顶紧刚性杆与锚固杆之间的空隙。

1.中跨合拢要求

1)选择合适温度,宜在温差较小且在当天温度较低的时刻一次浇完整个合拢段,浇筑混凝土持续时间宜限制在3~4h以内,两端高差不宜超过2cm;

2)安装水平刚性劲性骨架;

3)悬臂端配重各25t,浇筑合拢段混凝土过程中,同时将配重逐级解除,每级5t;

4)待合拢段达到设计强度后按顺序张拉中跨底板束;

5)拆除挂篮。

2.西边跨合拢要求

1)选择合适的最低合拢温度;

2)沿顺桥向将西边跨19号梁段的端部底板与落地支架导梁顶面之间用双排夹具夹紧，使悬臂梁端与落地支架具有相同的变形；

3)在合拢段两端各加25t配重；在浇筑合拢段混凝土的同时逐级将两边配重解除；

4)待混凝土达到设计强度后将固结设施解除；

5)张拉边跨底板束。

六、施工线形控制要求

由于西航道桥处于曲线半径$R=900$m的圆、缓曲线段上，桥面高、跨度大，纵向单T两侧梁段线形不对称，横向两幅桥坡度变化大，特别是预应力张拉后，悬臂受预应力钢束张拉力的作用，梁体平面线形会产生径向的水平位移，在最大悬臂状态下，悬臂端的水平位移值达10mm；此外，由于桥位处于台风频发区，且日照温差影响较大，也会使梁体产生水平及扭转变形。

梁体竖向挠度影响因素较多，主要有挂篮重力、箱梁段自重、预应力张拉力、施工机具荷载、合拢顺序、混凝土收缩与徐变、日照和温度变化等，施工控制工作中的梁段竖向挠度及水平向的轴线线形控制是保证合拢精度和成桥线形和成桥以后是否能正常使用的关键，所以应当特别重视这项工作。

1.立模标高的确定

为全面分析箱梁在整个施工过程中的挠度变形情况，并为下一节箱梁立模提供依据，每浇筑一段箱梁，应分为五个阶段进行挠度观测：

1)浇筑混凝土后；

2)张拉预应力前；

3)张拉预应力后；

4)移动挂篮后；

5)浇筑下一节混凝土前。

立模标高可参考如下公式确定：

$$H_i = H_0 + \sum f_i + \sum(-f_{yi}) + f_{gli} + f_{xi}$$

式中：H_i——立模标高；

H_0——设计标高；

$\sum f_i$——各梁段自重在i节点产生的竖向位移变形总和；

$\sum(-f_{yi})$——张拉预应力束在i节点产生的竖向位移变形总和；

f_{gli}——挂篮自身在自重状态下产生的变形，包括挂篮的非弹性变形，根据经验，确定挂篮变形值为10mm，其中非弹性变形5mm；

f_{xi}——混凝土的收缩徐变在i节点引起的竖向变形值。

2.浇筑过程中精度控制要求

要求各箱梁顶、底面的标高误差小于±10mm；各截面的垂直度误差小于箱梁高度的1/1 000；各部分断面尺寸的长度误差小于±10mm。

悬臂箱梁施工过程中的挠度监测精度，要求能反映±1mm的变化值。

3.标高调整的方法

由于前述各种因素的影响，导致同一梁段的桥面板实际标高值与按立模标高设置的设计施工标高不一致，产生标高差值，如果差值小于±20mm，可不进行调整，如果差值大于±20mm，则应调整，调整值为$\frac{1}{2}$标高差值。通过这种调整方法能保证合拢高程平顺对接。

4.中线合拢精度要求

中线的合拢误差应小于±10mm，中线标高合拢误差应小于±15mm。

第五节 设计创新

1.厦门海沧大桥西航道桥为位于平曲线段(半径900m)及缓和曲线段上的五跨预应力弯坡连续刚构桥,其跨径布置为(78+140+78+2×42)m。该桥结构为弯坡空间结构体系,在同类型的结构中具有弯扭曲率半径大、跨径大、桥面宽等特点,结构造型美观,但结构受力复杂,目前本桥型结构在国内处于领先水平。

2.采用大跨径弯坡连续刚构桥方案,充分地配合和适应了桥位处的地形地貌及通航条件,使西航道桥选择采用了最经济、最合理、桥梁结构造型与环境浑然一体的桥型方案,取得了很好的景观效果。

3.由于桥位位于台风区,为加强悬臂施工过程中单T的稳定性,并提高主墩墩身及桩基础的抗风能力,在19、20号墩顶处采用二道体外横隔板将分离的两个单幅桥联为整体,这样既提高了上部结构的施工稳定性,也大大提高了主墩及桩基础的抗风能力,可谓一举两得。

4.采用ALGOR空间有限元分析程序对主墩0号块的局部应力进行分析。由于墩顶0号块部位预应力管道集中,横隔板、底板均设有人洞,结构复杂,其应力分布难以用一般的杆系理论给予精确分析,为此计算提出了各种工况下的各截面的应力迹线图,为设计掌握0号块的复杂应力分布情况提供了比较详尽形象的三维视图,对确定断面的结构尺寸提供了参考意见。根据空间分析成果,对0号块的横隔板进行了变更,横隔板厚度由原来的1m变为0.5m,节约了混凝土的用量,降低了施工成本。

5.为了从多方面对此类型的结构的受力特点进行科学的分析,提高本桥的科技含量,计算中根据曲线梁桥设计理论,内力分析采用高精度圆弧曲杆有限元法和空间预应力荷载当外荷载特殊处理,同时考虑收缩徐变的影响,施工中应用效果良好,成功地解决了大跨径弯坡连续刚构桥的总体结构分析。

第二篇　施　　工

第一章　施工组织与管理

第一节　工程概况

一、桥位概况

厦门海沧大桥西航道桥里程桩号为 K4 + 612 ~ K4 + 992，位于海沧水头村与火烧屿岛间，东与主航道桥直接相连，西与西引桥连接。桥位处涨落潮差约 6.63m，一天有两个潮水周期。主墩(18 号、19 号)位于西航道桥深水域，水深 18 ~ 20m，覆盖层厚 0 ~ 3m，副墩(17 号、20 号)位于浅水域。地质勘探揭示，西航道桥岩层强度均匀性差，强风化岩层厚 30 ~ 50m，中风化岩层厚 5 ~ 30m，多处交错出现破碎带夹层。

二、工程特点

西航道桥是位于圆曲线(R = 900m)及缓和曲线上的五跨(78 + 140 + 78 + 42 + 42m)预应力混凝土连续弯刚构桥，见图 2-1-1。内外弯长度相差 13.5m，桥面采用单坡面，高差最大处达 0.69m，桥面高度为 47.412 ~ 56.912m。两个主桥墩位于深水海中，潮差大、地质复杂；合同工期 23 个月，工期很紧。

本工程主要施工难点包括：大直径长桩基础施工及海水造浆，深水大型承台有底套箱施工，平弯和竖弯连续刚构桥施工监控等问题和难题。

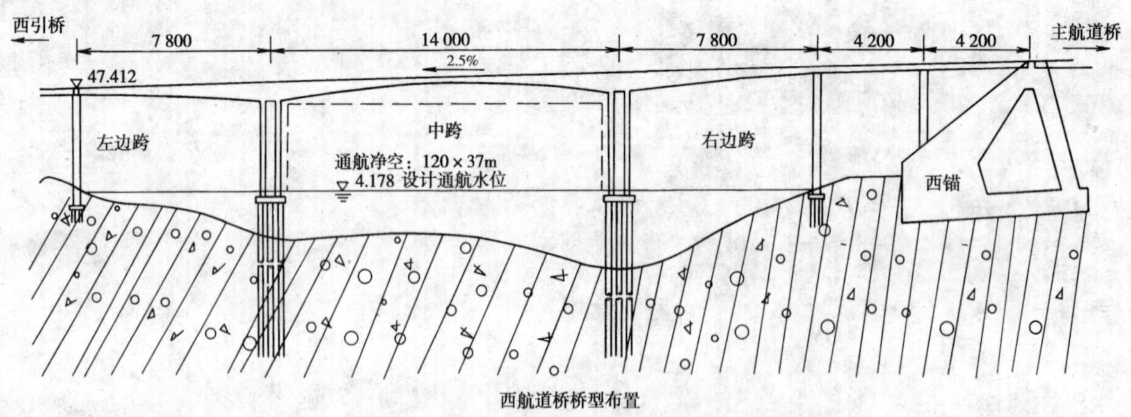

图 2-1-1　西航道连续刚构桥总体布置图(尺寸单位：cm)

第二节　主要施工设备

海沧大桥是一项施工技术要求高、施工难度大的工程，为此广东省长大公路工程有限公司调集了一批先进的机械设备，包括 QJ—250、KP—3500 回旋钻机、PLC 数控空压机、BE250 泥浆处理器及 50t 浮吊，主要施工机械设备列于表 2-1-1。回旋钻机用于 18 号、19 号主墩施工，并将两台泥浆处理器及排气量为 $20m^3$/min 的空压机与 KP—3500 钻机匹配，排气量为 $18m^3$/min 的空压机与 QJ—250 钻机匹配；冲击钻用于 17 号、20 号辅墩施工，并适时配合主墩施工；另外 18 号、19 号主墩施工平台各配置两台龙门吊。

主要施工机械设备 表 2-1-1

序号	名称	型号规格	数量
1	钻机	QJ—250	2 台
2	钻机	KP—3500	2 台
3	冲击钻机	8t	2 台
4	浮吊	50t	1 台
5	振动锤	120kW	1 台
6	汽车吊	12t	1 台
7	泥浆处理器	BE250	2 台
8	输送泵	沈阳 A140E	1 台
9	输送泵	施维英 3500	1 台
10	输送泵	HBT60G 上海泵	1 台
11	输送泵	HBT60 湖北泵	1 台
12	卷扬机	JM5—8	10 台
13	交流电焊机		28 台
14	直流电焊机		2 台
15	发电机	300kW	2 台
16	发电机	500kW	1 台
17	塔吊	QT80—E	2 台
18	塔吊	JL150	1 台
19	龙门吊		4 套
20	空压机	$20m^3min$	2 台
21	空压机	$18m^3min$	2 台
22	泥浆船		1 艘
23	工作船		2 艘
24	平板车	10t	1 辆
25	工具车	1.75t	1 辆
26	工具车	1.2t	1 辆
27	装载机	ZL40	1 辆
28	钢筋机械	弯切	2 套
29	木工机械		2 套
30	预应力千斤顶	YCW500	5 台
31	高压油泵	ZB4—500	6 台
32	压浆机		8 台
33	手拉葫芦	1～10t	140 套
34	挤压钢筋千斤顶		2 套
35	打浆机		8 台
36	钢板	10mm	500t
37	钢板	12mm	700t
38	六四军用梁		80t
39	贝雷架		200t
40	门式支架		450t
41	钢轨		30t
42	工字钢		180t

第三节　施工组织机构

为适应西航道桥施工需要，广东省长大公路工程有限公司组建了“厦门海沧大桥项目经理部”，下属的第二施工处具体承担西航道桥施工任务，施工组织机构如图 2-1-2 所示。

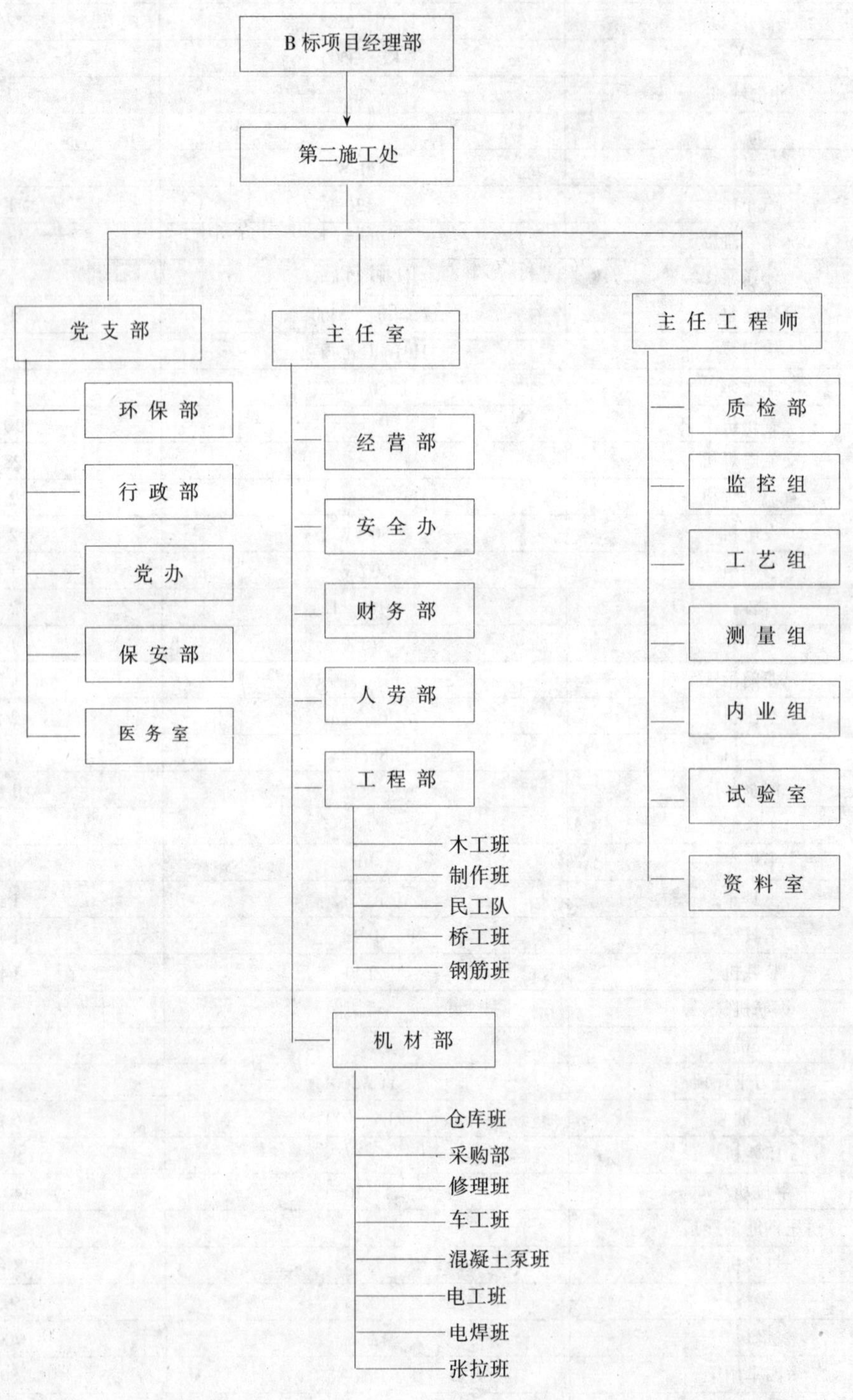

图 2-1-2　西航道桥施工组织机构

第四节　施工进度计划

按照海沧大桥投标合同,西航道桥工期为23个月。为确保工程如期完成,采取以下施工进度保证措施:

1.根据合同工期制定总体施工进度计划,并把总计划分解为分项工程进度计划(见表2-1-2),定期检查落实。

2.每个分项工程的实施方案都经过详细研究,优化施工工序安排,改善施工工艺,加快施工进度。

3.每月定期召开生产例会,安排当月的生产计划。

4.每天下午下班前召开施工生产调度会,各个工作面管理人员以及各工班负责人均要求参加,以便掌握当天的计划任务完成情况及安排第二天的工作计划,并协调各部门之间的工作关系,总结当天任务完成情况,安排第二天的生产,工作做到有条不紊,忙而有序,确保各分项工程如期完成。

西航道桥施工进度计划　　　　表2-1-2

序号	工序名称	计划工作日	开始时间	完成时间
总工期		668	1998.1.7	1999.11.10
1	准备工作	17	1998.1.7	1998.1.23
2	17号墩围堰施工	39	1998.2.21	1998.3.31
3	20号墩平台围堰	41	1998.5.21	1998.6.30
4	20号墩桩基础施工	97	1998.7.1	1998.10.5
5	20号墩承台施工	36	1998.10.6	1998.11.10
6	20号墩身、盖梁施工	92	1998.11.11	1999.2.10
7	20号墩现浇段落地支架搭设	151	1998.12.2	1999.5.1
8	17号墩桩基础施工	52	1998.6.9	1998.7.30
9	17号墩承台施工	30	1998.9.1	1998.9.30
10	17号墩身、盖梁施工	76	1998.10.1	1998.12.15
11	17号墩现浇段落地支架搭设	58	1999.5.15	1999.7.15
12	18号墩平台钢管桩	17	1998.1.24	1998.2.9
13	19号墩平台钢管桩	10	1998.2.10	1998.2.19
14	19号墩平台搭设	34	1998.2.20	1998.3.25
15	19号墩桩基础施工	90	1998.3.26	1998.6.23
16	19号墩承台施工	53	1998.6.24	1998.8.15
17	19号墩身施工	56	1998.8.16	1998.10.10
18	19号墩0号、1号块托架现浇施工	62	1998.10.11	1998.12.11
19	19号墩挂篮拼装	30	1998.12.12	1999.1.10
20	19号墩挂篮悬臂现浇施工	151	1999.1.11	1999.6.10
21	18号墩平台搭设	29	1998.2.10	1998.3.10
22	18号墩桩基础施工	90	1998.3.11	1998.6.8
23	18号墩承台施工	96	1998.6.9	1998.9.12
24	18号墩身施工	80	1998.9.13	1998.12.1
25	18号墩0号、1号块托架现浇施工	40	1998.12.2	1999.1.10
26	18号墩挂篮拼装	15	1999.1.11	1999.1.25
27	18号墩挂篮悬臂现浇施工	135	1999.1.26	1999.6.9
28	边跨合拢段现浇	35	1999.7.16	1999.9.2
29	中跨合拢段	20	1999.6.11	1999.6.30
30	防撞栏、桥面铺装	33	1999.9.27	1999.11.10

第五节　工程质量保证体系

一、工程质量管理机构

工程质量管理由公司主任工程师负责，现场技术主办（主任工程师）和项目副经理（质检工程师）具体负责，下设质检部（包括试验室）、工程技术部（包括测量监控），工程质量保证体系贯彻到施工员及各工班。每一部门都有明确分工详见图2-1-3。

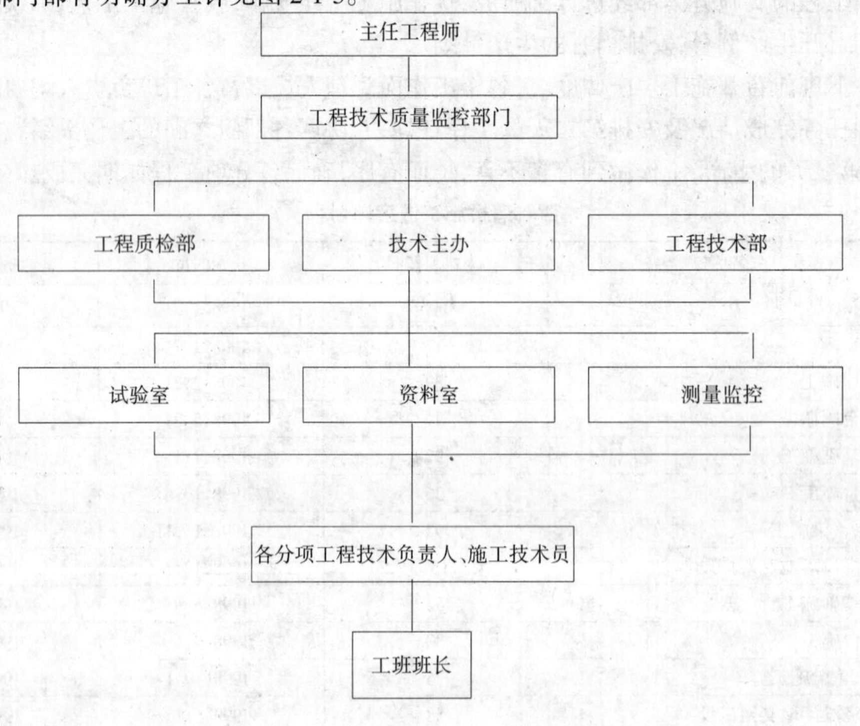

图2-1-3　工程质量管理体系

二、质量控制目标

1.大直径钻孔桩施工质量控制目标——合格率100%，达到优良标准；

2.承台大体积混凝土施工质量控制目标——合格率100%，优良率100%；

3.混凝土表面光洁度控制目标——合格率100%，优良率100%；

4.墩身、箱梁外观几何尺寸控制目标——合格率100%，优良率100%。

三、质量控制标准及依据

1.《厦门海沧大桥工程质量检验评定标准》；

2.交通部颁发的《公路桥涵施工技术规范》及《公路工程质量检验评定标准》；

3.《设计文件》要求；

4.《招标文件》有关条款。

四、质量保证措施

1.认真编制施工组织设计，制定施工工艺细则，明确质量标准和检验手段。

2.制定工程质量检验制度，工程质量实行自检、互检和专检，以工序质量保证总体工程质量。

3.分项工程完成后,参照标准按有关规定组织自检,填写分项工程检验评定表,确认合格后才能转入下一道工序。当分项工程为隐蔽工程时,须经监理工程师检查签字认可后才能转入下一道工序。

4.项目工程技术部组织对分部工程等级评定。质检人员对分部工程各项资料进行核实,对需独立验收的基础或主要分部工程,由公司质检部组织核实工作。

5.未经检验、验证的半成品不能转入下一道工序。

6.对例外放行的产品应做好标识和记录,同时仍应按规定追加检验和试验。

7.在施工之前按规定内容对原材料进行试验,按程序自检并请监理工程师抽检。原材料变动后,还应按规定重新进行基本性质试验,评定材料是否合格。合格材料方可使用。

8.在施工之前进行施工工艺试验,确定各种施工参数,用于指导施工,并在整个施工过程中严格执行。

9.在施工过程中,严格执行外观质量管理和内部质量控制、检查制度。

五、质量检验评定结果

经交通部、福建省、厦门市三级质监站组成的海沧大桥质量监督工程师办公室检测评定,西航道桥基础及下部构造质量评分92.5分,等级优良;上部构造质量评分91.9分,等级优良,实现了预定的质量目标。

第六节　主要分项工程施工方案

一、下部结构施工方案

1.桩基础施工方案

西航道桥桩基总数为52根,均为钻孔灌注桩,按摩擦桩设计,桩径为200cm;桩尖标高为－42.0～－71.5m。桩基础混凝土设计等级为C30。

桩基采用KP—3500及QJ—250两种钻机施工成孔,采用泥浆反循环护壁钻孔和清孔。桩基混凝土利用导管及漏斗等设备进行水下灌注。

2.承台施工方案

主墩及副墩承台均为分离式,主墩承台底标高为－3.0m,顶标高为2.5m,单个承台平面尺寸为13.6m×13.6m,封底混凝土厚1.5m,承台厚4m,混凝土设计等级为C30,采用有底套箱施工。副墩承台底标高为－2.0m,顶标高为1.0m,无封底混凝土层,采用人工围堰开挖施工。由于承台混凝土体积庞大,所以在混凝土浇注过程中,承台内设置冷却管,释放混凝土水化热,保证承台混凝土施工质量。

3.墩身施工方案

主墩墩身采用分离式双薄壁柔性实体矩形截面墩,截面尺寸为7m×2m,左右幅各有两个分离式墩身,墩宽与箱梁底板同宽。18号墩顶标高为42.0m,19号墩顶标高为45.2m。两墩身纵向净距4m。墩身采用满堂式脚手架翻模施工,每一节段长5m。

副墩墩身为分离式空心矩形截面墩,外平面尺寸同主墩一致,内平面尺寸为6m×1m,内刃角为30cm×30cm。21号墩的结构形式与主墩完全相似,施工方法与主墩相同。在17号、20号、21号、22号墩顶左右幅各设置两个双向盆式橡胶支座。

二、上部构造施工方案

1.混凝土箱梁挂篮悬臂施工方案

上部构造为三向预应力混凝土连续弯刚构,单箱单式箱型截面,见图2-1-4。纵向锚具采用15-19型锚,横向锚具采用15-3及15-5扁锚,竖向采用YGM型锚。为了增强连续刚构在施工过程中的抗风稳定性及整体刚度，在0号块箱梁梁段设置了两道横向贯通的横隔板，将两个分离的桥梁结构在此连成整体。

连续刚构箱梁分为20对节段。0号块高7.5m，长8m；20号块为合拢段，高2.5m，长2m，如图2-1-4所示。箱梁混凝土标号为C50。0号块与1号块采用托架施工，2～19号块采用鹰式挂篮逐块对称现浇施工。

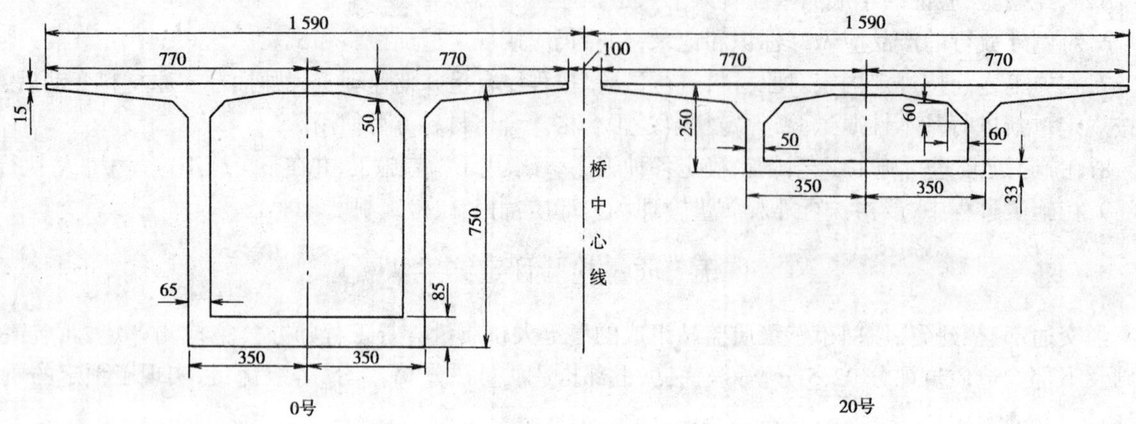

图2-1-4 箱梁横断面图(尺寸单位:cm)

箱梁纵向预应力束布置同样具有曲率小等特点，预应力张拉后必将对箱梁的平面线形及标高产生影响。观测结果表明：每张拉一对箱梁预应力束，平面曲线位置变化为±0.5mm，全桥累计量1～1.5cm；标高变化范围0～4.5cm。为保证合拢线形，张拉过程中必须进行平面线形和标高监控。所有预应力束必须在混凝土强度达到设计强度的80%后进行张拉。采用张拉吨位和引伸量双控，即当预应力张拉达到设计吨位时，其实际引伸量应与理论引伸量之间的允许差值在－5%～＋6%之间。钢束实际引伸量应扣除预应力的非弹性变形影响，按下式推算：

$$\Delta = \frac{\Delta_0 \times P}{P - P_0} - \delta$$

式中：Δ——实际引伸量值；

Δ_0——由 $P_0 \to P$ 的实测引伸量值；

P——设计张拉吨位；

P_0——初始张拉吨位(一般为10%P)；

δ——夹片回缩值，由实测决定。

2.合拢段施工方案

合拢段分为左、右边跨合拢段及中跨合拢段，为了缩短施工工期及抗台风影响，施工时把原常规合拢顺序改为先合拢中跨后合拢边跨。合拢中跨模板采用挂篮模板，并利用劲性骨架加强纵向联系，在温差最小的时段里进行中跨合拢段混凝土施工。西边跨现浇合拢段长7＋2＝9m，与西引桥相接。东边跨合拢段与2孔42m箱梁连为一体，最后合拢。

3.2孔42m箱梁施工方案

2孔42m箱梁位于西锚碇上，采用3种不同型式的支架逐孔浇注，施工方向为22号～21号→21号～20号。22号～21号孔箱梁浇注长度为49(42＋7)m，21号～20号孔箱梁浇注长度为42(35＋7)m。东边跨合拢段2m，该段施工后全桥体系发生变化，形成五孔连续刚构桥。

4.上部构造施工监控方案

西航道桥桥墩高、跨度大、曲线半径小，为了保证上部构造箱梁合拢精度及成桥线形，对每一箱梁节段三个施工阶段(张拉、移篮、浇混凝土)都进行了平面线形及挠度控制，通过动态线形控制达到合拢精度要求。平面的合拢误差为±10mm，挠度合拢误差为±15mm。

第二章　施工控制测量系统

为确保厦门海沧大桥西航道连续刚构桥桩基础、承台、高墩和悬臂箱梁的施工放样精度，在施工过程中对各种工况进行监控，在西航道连续刚构桥施工前，建立了控制该桥施工的平面和高程测量控制网。该平面和高程控制网纳入厦门海沧大桥施工整体平面和高程测量控制网中，以保证西航道桥与东航道悬索桥和西引桥正确连接；除此之外，还在西航道桥18号和19号墩零号块上和西航道东西两岸，建立了控制和监测悬臂箱梁施工的局部平面和高程测量控制网，构成了西航道桥施工过程中的测量控制系统。

第一节　平面控制网的建立与施测

为控制西航道桥施工，在西航道桥东西两岸，各布设了两个平面控制网点G34、W14和W10、W15，见图2-2-1。其中G34和W14既是控制西航道桥施工的平面控制网点，又是控制东航道悬索桥施工的平面控制网点；W10和W15既是控制西航道桥施工的平面控制网点，又是控制西引桥施工的平面控制网点。为方便西航道桥施工测量放样，在W10和W15点上，专门建造了观测墩，并安装了强制对中器。

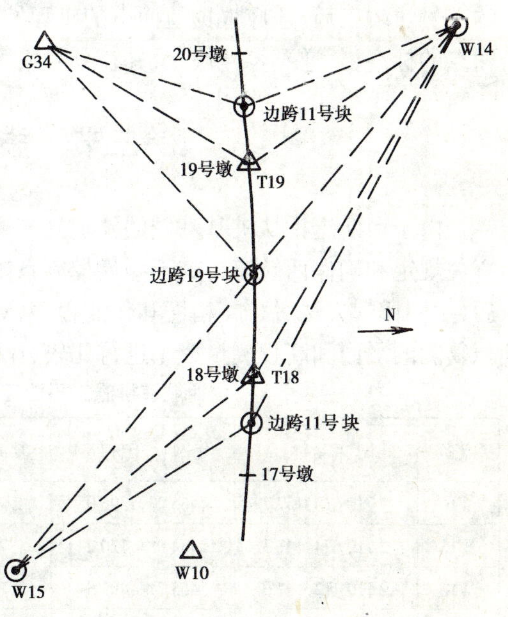

图2-2-1　基准点、工作基点和监测点位置示意图

西航道桥施工平面控制网设计精度为工程测量二等平面控制网精度，即每公里测距相对中误差不低于1/25万，最弱边相对中误差不低于1/12万，达到了设计的精度要求，可以用于控制西航道桥测量放样。

为确保西航道桥施工测量平面控制网建网成果的可靠性和精度，在建网时还采用全站仪对该网所有边长进行了复测，并组成测边网。测边网平差后每公里测距的单位权中误差为±2.31mm，精度为±1/43.2万，最弱边的相对中误差为1/12.1万，也达到了设计的精度要求，为此把GPS网的测量成果和测边网的测量成果统计并比较于表2-2-1，从表中可以判断两套坐标成果的精度和差异情况。

西航道桥施工平面控制网GPS网测量成果和测边网测量成果比较　　表2-2-1

点名	GPS网 X 坐标 (m)	GPS网 Y 坐标 (m)	测边网 X 坐标 (m)	测边网 Y 坐标 (m)	校差 ΔX (mm)	校差 ΔY (mm)
W10	2 710 610.157 7	455 222.396 0	2 710 610.155 6	455 222.393 3	2.1	2.7
W15	2 710 624.141 3	454 981.120 2	2 710 624.141 8	454 981.117 1	-0.5	3.1
W14	2 710 412.177 6	455 714.493 5	2 710 412.173 9	455 714.491 6	3.7	1.9
G34	2 710 575.547 0	455 718.721 0	2 710 575.545 4	455 718.723 8	1.6	-2.8

从上表中的数据比较结果可以看出，用两种不同测量方法所测的两套坐标，精度较差的最大不超过3.7mm，说明两套坐标成果都具有较高的精度和可靠性。因为GPS测量成果的精度略高于测边网的测

量精度，所以最终采用 GPS 测量成果控制西航道桥施工。

由于西航道桥悬臂箱梁的平面线形为半径较小的圆曲线，纵向张拉有可能引起悬臂箱梁的平面变形。为监测悬臂箱梁施工过程中的平面变形，根据上述四个控制点，在西航道东西两岸采用全站仪加密了 4 个局部平面控制网点，作为悬臂箱梁平面变形监测的基准点。

第二节　高程控制网的建立与施测

为控制西航道桥施工标高和监测 18 号及 19 号墩承台基础的沉降变形，在西航道桥两岸，各布设了两个高程控制网点 BM3－2、BM3 和 BM4、BM3－3，同理 BM3－2 和 BM3 既是西航道桥施工的高程控制点，又是西引桥施工的高程控制点；BM4、BM3－3 既是西航道桥施工的高程控制点，又是东航道悬索桥施工的高程控制点。为避免被海水或海风腐蚀，所有的高程控制网点都埋设了不易锈蚀的铜棒。

海沧大桥西航道桥高程控制网设计为工程测量二等高程控制网，即每公里水准测量往返测高差中数的偶然中误差不大于 ±1mm；高程控制网采用水准测量的方法建网，水准路线的形式为往返观测的附和水准路线。每公里水准测量往返测高差中数的偶然中误差为 ±0.482mm，小于二等水准测量精度 ±1mm的技术要求，达到了设计的精度指标，可以用于西航道桥施工高程控制。

为实施悬臂箱梁的标高放样和监测悬臂箱梁施工过程中的挠度变形，在西航道桥 18 号和 19 号墩的零号块竣工后，还应根据地面上的高程控制网点，采用悬吊钢尺水准测量的方法，把地面上高程控制网点的标高，传递到零号块上，并在零号块上建立局部高程控制网点。

第三节　施工测量控制系统的复测

由于西航道桥从桩基基础的施工到悬臂箱梁的全桥合拢，需要近 2 年，根据《公路桥涵施工规范》的有关规定和确保西航道桥施工测量控制系统的惟一性及准确性，在西航道桥施工测量控制网建网一年后，用同样的方法、仪器、精度和作业程序，对原控制网进行了复测。现把原建网的平面和高程测量成果与复测的平面和高程测量成果进行比较，比较结果见表 2-2-2 和表 2-2-3。

西航道桥施工平面控制网建网测量成果和复测测量成果比较　　表 2-2-2

点名	建网 X 坐标(m)	建网 Y 坐标(m)	复测 X 坐标(m)	复测 Y 坐标(m)	校差 ΔX(mm)	校差 ΔY(mm)
W10	2 710 610.157 7	455 222.396 0	2 710 610.159 7	455 222.397 2	－2.0	－1.2
W15	2 710 624.141 3	454 981.120 2	2 710 624.140 4	454 981.118 1	0.9	2.1
W14	2 710 412.177 6	455 714.493 5	2 710 412.174 4	455 714.493 9	3.2	－0.4
G34	2 710 575.547 0	455 718.721 0	2 710 575.545 5	455 718.723 2	1.5	－2.2

西航道桥施工高程控制网建网测量成果和复测测量成果比较　　表 2-2-3

序 号	点 名	建网高程	复测高程	差异情况(mm)	点位
1	BM3－2	1.962 5	1.959 4	3.1	西岸
2	BM3	15.785 9	15.783 5	2.4	西岸
3	BM4	8.330 2	8.328 5	1.7	东岸
4	BM3－3	6.549 5	6.549 0	0.5	东岸

从表 2-2-2 和表 2-2-3 中的比较情况可以看出，不论是平面控制网，还是高程控制网，建网成果与复测成果吻合得相当好，最大差异不超过 3.2mm。由此说明，把上述控制网测量成果作为西航道桥的施工测量控制系统，可确保西航道桥施工测量基准的正确性、高精度性和惟一性，而且还可作为西航道桥施工过程中变形监测系统的基准网，从而达到一网两用的目的。

第三章 下部结构施工

第一节 钻孔桩施工

西航道桥 17 号～20 号墩基础为 $\phi2.0$m 钻孔桩基础，总计 52 根，按摩擦桩设计。18 号、19 号主墩设计桩尖标高为 –71.5m，17 号、20 号副墩设计桩尖标高为 –41m。桥位工程地质条件较差，最大水深达 25m，最大潮差 6.4m，最高潮位 3.6m，最低潮位 –2.77m，平均海面 0.34m；涨落潮时海水平均流速大于 0.5m/s。桩基础施工难度较大，其施工流程如图 2-3-1 所示。

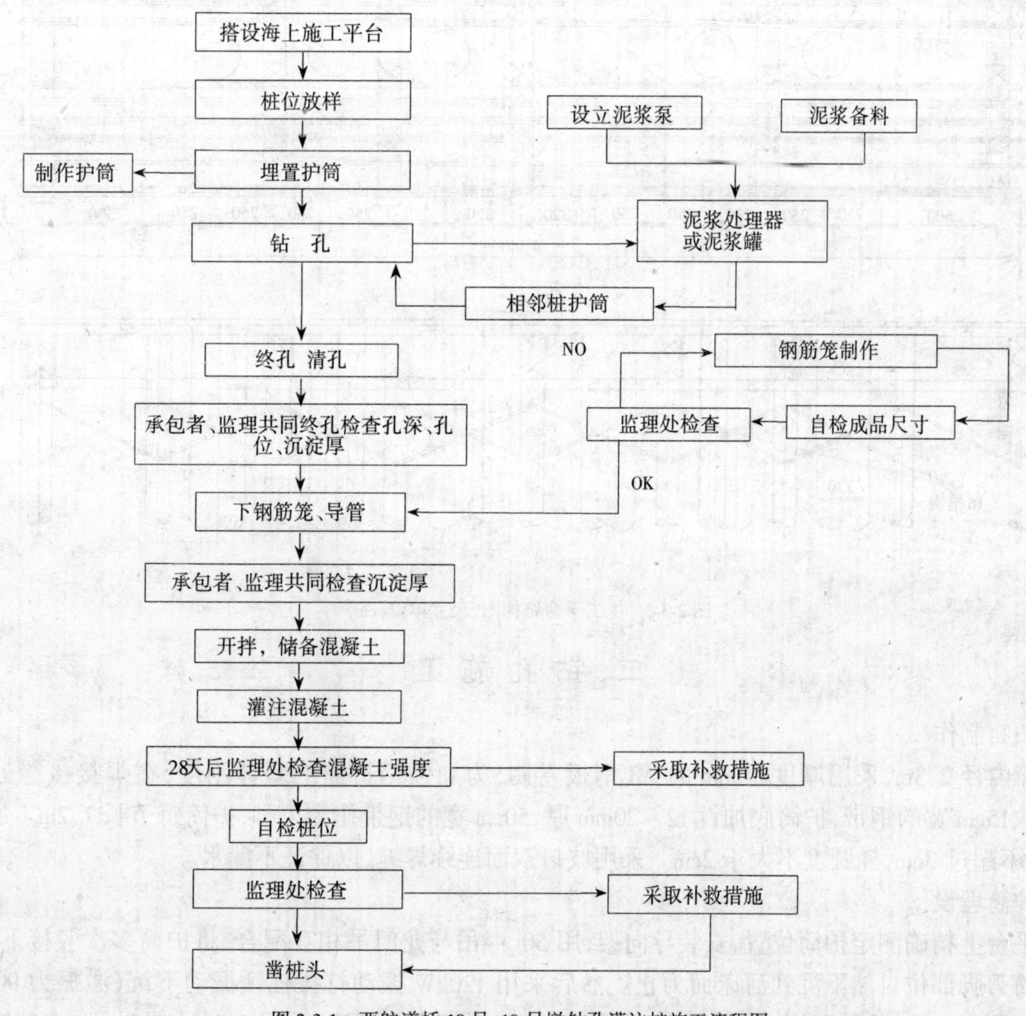

图 2-3-1 西航道桥 18 号、19 号墩钻孔灌注桩施工流程图

一、施工平台的搭设

综合考虑主墩所在海域地质、水文情况及后期承台套箱施工等因素，确定搭设两个平台进行钻孔桩施工作业。两平台均为水中固定平台，采用 28 根 $\phi1$m 钢护筒管桩作为平台主体承重结构，其上布置七

道由102号花窗联结的贝雷梁,再布置I36b工字钢作为荷载分配梁,最后铺以木板形成固定平台,如图2-3-2所示。平台钢管桩应有足够的强度、刚度和稳定性以承受竖向荷载。因此,平台钢管桩之间用多道纵横向联结系相互联结,以保证平台稳定性和抗扭能力。每个平台承受的总质量约为800t。

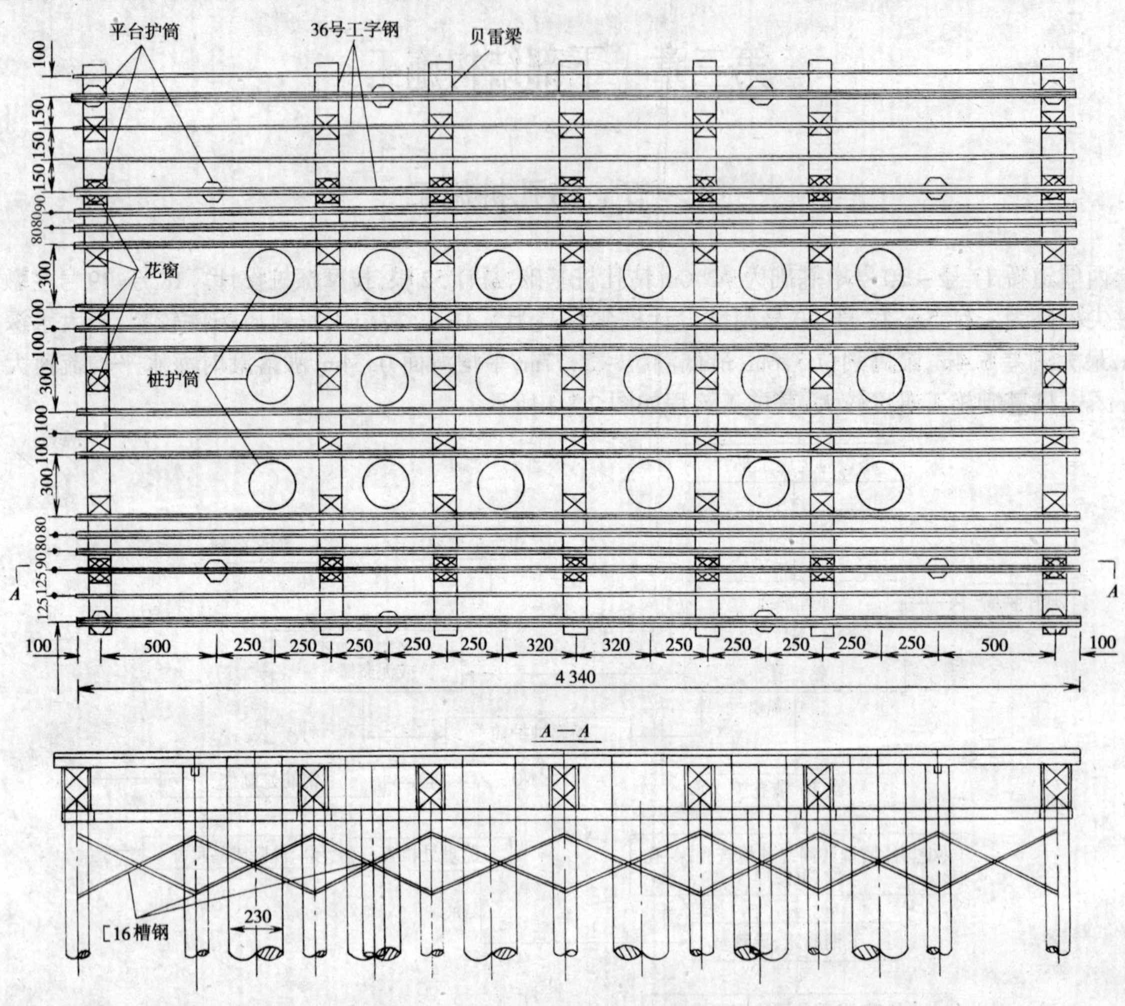

图2-3-2 施工平台结构图(尺寸单位:cm)

二、钻孔施工

1.护筒制作

护筒内径2.3m,采用厚度10mm的A3钢板卷制,为加强钢护筒的整体刚度,在焊接接缝处外设12mm厚、15cm宽的钢带,护筒底加设12~20mm厚,50cm宽的钢带作为刃脚,护筒每节长7.2m。加工误差:旁弯不超过3cm,椭圆度不大于2cm。采用坡口双面连续焊缝,以保证不漏水。

2.护筒埋设

在平台上精确测定护筒位置,安装导向架,用50t浮吊与龙门吊相互配合,将护筒多次驳接下沉,直到钢护筒刃脚部位自然下沉到河床面为止。然后采用120kW振动打拔桩锤振动下沉(激振力90t),护筒的入土深度0.5~0.9m。为保证桩基施工质量,增加护筒入土深度,再用8t冲击钻冲进;在冲锤底进入到护筒脚处时,加入黄泥、碎石继续冲进至护筒脚以下4~6m;然后重新接长护筒,利用振动锤再次振动下沉,使护筒的入土深度达到4~6m。这种方法既保证了护筒与土层之间的密实性,也取得了部分造浆效果。

3.钻孔桩机械设备配置

因西航道桥施工工期较为紧张，故采用成孔速度较快的气举反循环回旋钻进成孔施工工艺，每个主墩各配置郑州勘察机械厂生产的一台 QJ-250 型和一台 KP-3500 型钻机，另配置一台 $16m^3/min$ 的电动空压机与 QJ-250 型钻机形成反循环吸渣系统，并利用 BAUER-BE250 型泥浆处理器排渣；KP-3500 型钻机配置一台 $20m^3/min$ 柴油空压机组成反循环吸渣系统，利用自行加工的泥浆罐沉淀泥浆、排渣。

4.泥浆循环系统

根据施工的实际情况与机械设备的配套情况,两种型号钻机采用同一套泥浆循环工艺流程,见图 2-3-3。为了保护施工环境,远运钻渣,还采用了图 2-3-4 所示的泥浆处理器。

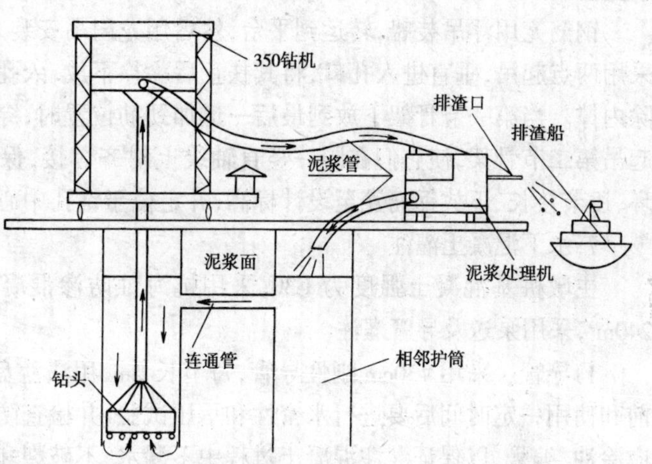

图 2-3-3　泥浆循环系统

5.成孔工艺

1)钻机就位。首先加固钻头,检查牙轮,安装配重块,放入护筒内,然后钻机精确就位,并把转盘调至水平,接钻杆,把钻头下放至河床。同时,布置安装好泥浆循环系统。

2)造浆。在正式钻孔前,进行反循环钻孔,并往孔底供泥浆,换出原孔内清水。泥浆造浆材料主要采用海底黄泥。由于本水域海水盐度较大,杂质多,采用普通黄泥与膨润土等材料较难形成优质泥浆,极易出现沉淀。为此,通过试验,在同一海域挖回海底黄泥,晒干后打成细粉,用其造浆,不仅达到泥浆比重要求,且粘性好、成本低,必要时再掺入适量 CMC 羧基纤维素或 $NaCO_3$ 纯碱等外加剂,保证泥浆性能稳定、不沉淀,护壁效果好,成孔质量高的要求。

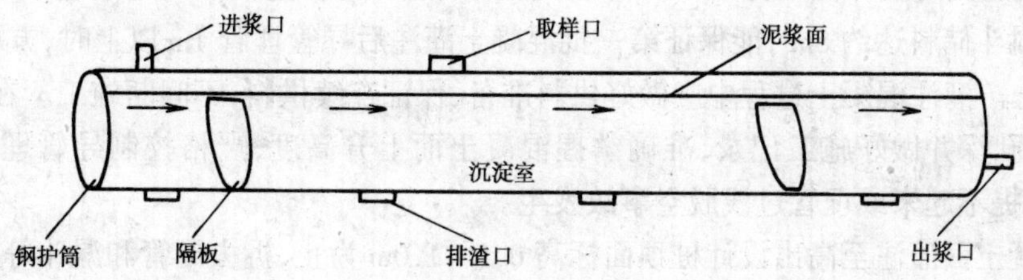

图 2-3-4　泥浆罐泥浆处理器

3)钻进。造浆完毕后低速开钻,待整个钻头进入土层后再以正常速度钻进。而在护筒脚部位必须慢速钻进,并经常观察水面和水位情况,防止护筒脚漏浆。若发现漏浆必须马上回填或加振护筒后再钻进,确保安全成孔。本桥采用相邻两护筒连通,钻渣随泥浆从钻杆排出进入泥浆罐沉淀或由泥浆处理器清除。经处理后的泥浆进入相邻护筒再次沉淀后流入钻进孔内,形成供浆、出渣、排渣、沉淀、再供浆循环系统。

在钻进过程中,要做好泥浆的维护管理,每半小时测一次泥浆稠度和相对密度,根据泥浆成分变化情况,分析判断孔壁、护筒脚的稳定情况,并采取相应处理措施。泥浆比重控制在 1.2～1.25 较为合适。根据泥浆比重与海水比重计算孔内外压力差,确定孔内泥浆水头应为 0.5～2m。钻进时还须密切注意涨退潮情况,及时调整孔内泥浆面高程。为了保护环境,避免对海水的污染,对废浆废渣均用船只运走清除,严禁直接排入河道内。

4)清孔。在孔深达到设计标高后,采用抽浆换浆法清孔。首先把钻头提起离孔底约 20cm,采用稍高的转速转动钻头,一边继续气举反循环,把孔底泥浆、钻渣混合物排出孔外,一边向孔内补充经泥浆罐净化后的泥浆,直到测出出浆口泥浆比重达到 1.04～1.10、粘度达到 16～18s、含砂率小于 4%、胶体率大于96%为止。

6.钢筋笼加工及下放入孔

钢筋笼在制作场内采用加劲筋成型法分节制作。按图纸设计尺寸做好加劲筋圈，标出主筋位置，按标记安放加劲筋，扶正并较正加劲筋与主筋的垂直度，然后点焊。在焊好全部加劲筋后，转动骨架，将其余主筋按照上述方法逐根焊好，然后布置螺旋筋并绑扎于主筋上，点焊牢固，最后安装和固定声测管。

钢筋笼用浮吊装船，转运到平台，然后用龙门吊安装入孔。转运过程中钢筋笼不得变形。钢筋笼应采用两点起吊，垂直进入孔口，将其扶正后徐徐下放，入孔过程中严禁摆动碰撞孔壁，并且边下放、边拆除内撑。当第一节骨架下放到最后一道加劲筋位置时，穿进工字钢，将钢筋笼支撑在孔口工字钢上，再起吊第二节骨架，使它们在同一竖直轴线上对齐焊接，保证上下节钢筋笼在自重作用下垂直。如此循环，逐节接长、下放钢筋笼至设计标高，并定位于钻孔中心，完成钢筋笼安装。

7.水下混凝土灌注

主墩桩基混凝土强度为C30，采用抗海蚀防渗混凝土，防渗指标为S12，每根桩混凝土数量高达240m^3，采用泵送及导管灌注。

1)导管。采用ϕ30cm刚性导管，每节长2m，用法兰盘连接，导管出口离孔底50cm左右。导管使用前和使用一定时间后要进行水密性和承压试验，并检查防水胶垫是否完好，有无老化现象。导管使用后应涂油、编号，以保证灌注混凝土过程中不漏水、不破裂和使用有序。

2)剪球。由于钢筋笼下放时间较长，因此在下放导管后应二次清孔，使孔内沉淀厚度小于20cm。放置在导管上口的密封球为ϕ29cm、长30cm的混凝土圆形柱，用胶垫使其与导管壁密合，并用铁线吊住。当混凝土储料斗储料达约8m^3，能保证第一批混凝土灌注后导管埋管1m以上时，方可剪球。

3)灌注混凝土。灌注混凝土过程中应做好供料准备，保证连续供料，不间断施工。在混凝土灌注过程中，设专人测量孔深并做好施工记录，准确掌握混凝土面上升高度，严格控制导管埋深在2～6m之间，防止埋管过深提不起来或埋管过浅脱空事故发生。

4)泼浆。混凝土面灌注至高出设计桩顶面标高0.5～1.0m为止，拆去导管和漏斗等设备，清除桩顶沉渣，待桩头混凝土强度达到70%设计强度后用人工凿除超高部分，以确保桩头质量。

8.灌注质量控制

1)根据桩径和混凝土方量计算混凝土上升高度，出现异常时应及时分析其原因。

2)控制埋管深度2～6m，防止混凝土离析卡管，并防止埋管过浅脱空而发生断桩事故。

西航道桥共52根桩基，经超声波检测甲类桩49根，乙类桩3根，优良率100%。

第二节　18号墩11号桩补强

一、事故概况

西航道桥18号主墩11号桩，桩尖设计标高－71.5m，标高－48.0m以上为强风化凝灰岩，以下为中风化凝灰岩。此桩于1998年4月1日开钻，施工钻机为KP—3500型回旋钻机，当钻至－51.6m处时出现卡钻坍孔，钻头被土层埋没达8m深。由于坍孔范围大，已引起桩周围河床下陷，塌孔形状如图2-3-5所示。由于西航道桥施工工期紧迫，从兼顾基础承载力及工期两方面的因素考虑，提出了两种处理方案：其一，采用旋喷加固。先按灌注桩要求灌注至－31.5m(护筒底)，－31.5m以下至钻头位置(－51.6m)处坍孔部分采用旋喷压浆固结。其二，加桩。在11号桩旁边增加2根ϕ1.2m小桩。海沧大桥指挥部组织总监办、第一驻地办和B标项目经理部对事故情况进行了反复分析研究，并深入研究了这两种处治方案，从保证处治效果和基础承载能力以及施工工期考虑，确定采用旋喷加固方案。

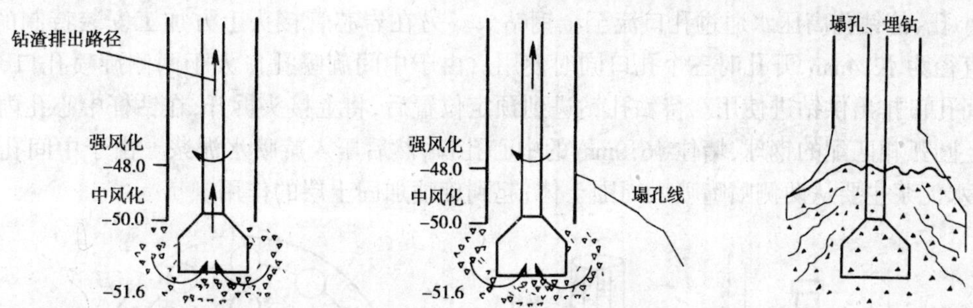

图 2-3-5　11 号桩塌孔示意图

二、旋喷固结工艺

1.旋喷固结的基本要求

旋喷固结法的基本原理是:高压旋喷灌注水泥浆液将护筒底至钻头范围内的坍塌砂石及沉渣固结起来,形成有一定强度的固结体。因固结体与外围岩层间有较大的摩擦力,加之钻头置于中风化岩面上有较大的支承力,两者就共同构成 11 号桩的承载力。若将旋喷钻孔钻穿大钻头,固结大钻头以下的部分渣石,还可提高其支承力。经初步检算,若按设计要求成功旋喷固结后,固结体强度可达到 4 ~ 5MPa,本桩的承载力可达到 12 000 ~ 15 000kN,达到本桩设计承载能力。

2.旋喷施工顺序

1)搭设旋喷施工平台,设备就位;

2)用高压水清孔;

3)先钻 1-1 和 1-7 号钻孔至钻头顶面,并旋喷 1-1 号孔,而利用 1-7 号孔排气;

4)1-1 号孔旋喷好以后,顺序按 1-2,1-3,1-4,1-5 旋喷;

5)喷至 1-6 号孔时,将 2-1 号孔钻至大钻头顶面。如钻穿原已灌注的混凝土后发现下面 20m 已在灌 1-1 号孔时已压满水泥浆,则钻至 35m 并取出岩芯作试件用;

6)继续旋喷 1-6,1-7 至 1-12 号孔;

7)外圈喷完后,再按 2-2,2-3,…,2-8 取芯或旋喷,已固结的土体取芯至标高 35m,未固结的土体下钻至大钻头顶面,然后逐孔旋喷完成为止;

8)等强 4 天后,抽芯取样检查压浆旋喷效果。

3.准备工作

1)清孔至 - 31.5m,用潜水工割断钻杆。

2)预埋压浆管。压浆管绑扎在灌注桩钢筋笼内侧,共 20 根 ϕ120mm 钢管,外圈 12 根,内圈 8 根,见图 2-3-6。压浆管底部标高为 - 31.5m,用薄钢板密封,顶部标高为 2.6m,外露承台面,以便于在承台施工完毕后对此桩进行旋喷加固施工。

3)按常规钻孔桩施工方法下放钢筋笼,浇注 - 31.5m 以上的灌注桩混凝土。

4)为了达到钻孔和旋喷要求,设计并加工了一套专用的旋喷钻头和旋喷喷嘴,如图 2-3-7b)所示。在通用金钢钻头的岩芯管接口处加了一个半圆弧缺口,在半圆缺口中心钻

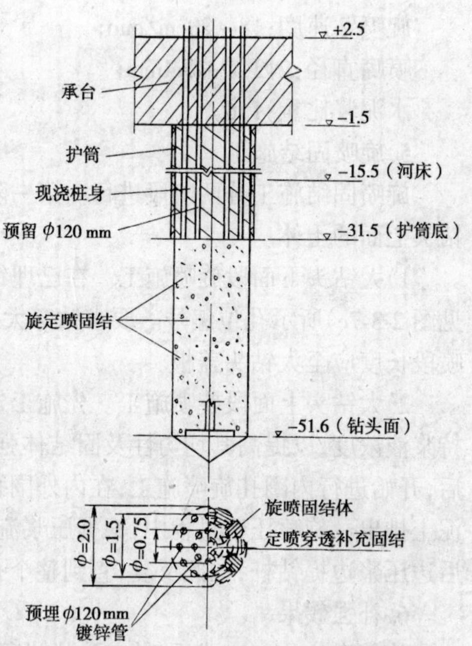

图 2-3-6　11 号桩旋喷固结示意图(尺寸单位:m)

ϕ6.0mm的小孔,使钻孔高压水通过孔口流至金钢钻头。另在岩芯管接头上方加工安装特制的旋喷嘴2个。喷嘴直径为ϕ2.4mm,开孔时三个孔口同时使用。由于中间旋喷孔口大于两侧旋喷孔口,因此主要水分从中间孔口排出供钻进使用。待钻孔钻进到预定位置后,将上接头拆开,在钻杆中心孔内放入一个和岩芯管上圆弧相匹配的钢球,堵住ϕ6.0mm的中心孔口,然后压入旋喷水泥浆。由于中间孔口已基本堵住,因此水泥浆主要从两侧喷嘴喷入周围土体,起到旋喷加固土层的作用。

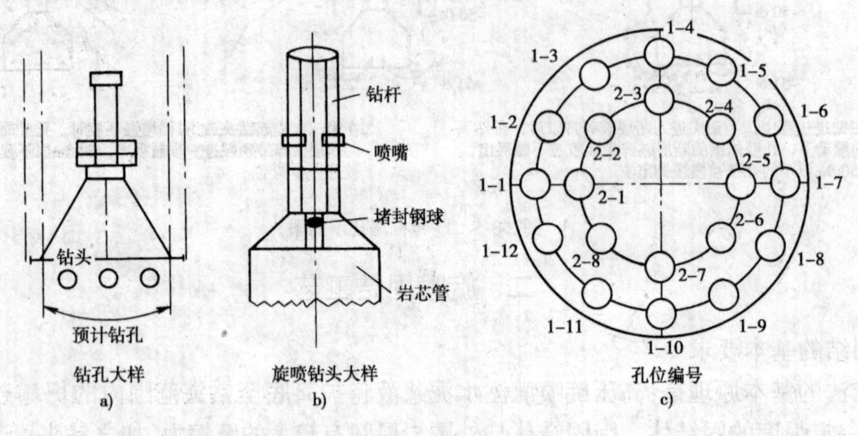

图 2-3-7 旋喷钻头大样及孔位编号

4.使用设备和设计参数

为保证质量,旋喷施工采用了国内较先进的设备,包括:

1)高压旋喷注浆泵,采用我国最新一代产品 XPB-90 型,额定排出压力:23~40MPa;额定排出流量:90~160L/min。三柱塞每分钟冲数 222 次,可保证压力完全稳定;

2)旋喷机采用钻、喷两用的 BTG-2 型工程钻机;

3)搅拌机高压输送系统采用旋喷桩施工设备通用产品;

4)设计旋喷参数:

注浆压力:23~35MPa;

流量:90~160L/min;

旋喷钻速度:18~20cm/min;

喷嘴直径:2ϕ2.2~2.4mm;

水泥浆比重:1.6。

5.旋喷固结施工

旋喷固结施工分两阶段进行。第一阶段旋喷固结吊入的大钻头下面的土体,第二阶段旋喷固结大钻头上面的土体。

1)大钻头下面段旋喷施工。在已埋钢管的外圈用金钢钻头在四个对称位置 1-1、1-4、1-7、1-10 钻孔,见图 2-3-7c)所示孔位编号。要求钻穿大钻头钢板继续往下钻至一定深度为止,然后立即旋喷压浆,旋喷段长度应至大钻头盖板。

2)大钻头上面段旋喷施工。先施工外围 12 孔,以防止内圈施工时浆液流失,利于固结形成井筒,保持浆液浓度,以提高其均匀性及固结体强度;在外围施工完毕后 3~4 天,待外围固结体达到一定强度后,开始进行内圈孔旋喷施工;在内外围孔位旋喷施工时,若渣石含泥量较大,宜用高压水洗孔,将部分泥土排出。旋喷压浆过程中,根据压浆流量表读数,判断水泥浆压满后,再提高一节钻杆,继续压浆,而后边压浆边提钻杆,如此反复,直到整个孔位压满为止。

6.补强效果

旋喷灌注施工完成后,抽芯取样进行抗压试验,得到试件 30 天的平均强度为 9.4MPa,达到了设计要求。

第三节　承台施工

一、施工流程

西航道桥 18 号、19 号桥墩承台底面标高 - 1.5m，顶面标高 2.5m，承台尺寸为 13.6m × 13.6m × 4m，混凝土设计等级为 C30，封底混凝土厚 1.5m，混凝土设计等级为 C25，单个承台混凝土方数为 739.84m^3，封底混凝土为 277.44m^3。

承台施工工序如图 2-3-8 所示。

二、承台套箱设计

根据西航道桥所在地的自然条件，承台施工采用内撑式有底套箱施工。由于潮差较大给承台施工带来很大难度。套箱设计主要考虑以下三方面：其一，高水位时套箱抗浮结构设置；其二，高水位时内外水头差压力很大，套箱应具有足够的强度和刚度，以能承受水压力的作用；其三，结构简单，便于安装，防水性能好。西航道桥套箱由上承重结构、底梁、底板、吊杆、侧模、内撑梁、封底混凝土等组成，如图 2-3-9 所示。

1. 承重架

承重架采用三组三排单层贝雷梁，其长度为 4 × 3 + 1.5 = 13.5m，贝雷梁铰接点布置在桩顶支承柱上。贝雷梁组顶面放置工字钢组合梁 6 组，每条组合梁上设 8 个吊点，共 48 个吊点。

2. 吊杆

吊杆采用 ϕ32mm 精轧螺纹钢筋，从组合梁和承重底梁中穿过，形成下承式承重结构。支承点以螺母、垫板固定。

3. 支承柱

支承柱设置在桩顶，尺寸为 45cm × 50cm，共计 9 根，混凝土标号为 C30。支承柱承受承台施工中的全部荷载，受力最大的一根荷载达 1 200kN。

4. 底梁

套箱底梁所受荷载主要有套箱、封底混凝土、承台第一层混凝土重力及施工动荷载等。根据计算，确定底梁采用 30cm × 45cm × 1 400cm 的钢筋混凝土梁，混凝土设计强度为 C30，单根底梁自重 4.6t，每个套箱共 6 根，每根底梁设 8 个吊点与吊杆连接。

5. 底板

套箱底板采用 20cm 厚的 C30 钢筋混凝土板，按实测桩位平面尺寸在预制场预制。每个套箱共划分 30 块底板。底板纵向铺设在底梁上，相互之间以及底板与护筒之间预留有 5cm 的安装间隙，在浇注封底混凝土前再做密封处理。

6. 侧模

套箱侧模主要用于封水，并作承台模板，各块套箱侧模通过高强螺栓连接。为了保证顺利拼装，要严格控制加工精度，侧模相互连接之间塞入橡胶皮，保证密水性。为防止套箱侧模外部受水压变形，在箱内设桁架式内撑梁支撑。

7. 内撑梁

内撑梁由角钢加工成桁架式，为了便于拼装，内撑梁分别按主桁架梁和副桁架梁分段加工、分段安装。桁架梁与模板联接处必须用钢板加厚模板，以防止模板局部变形。

8. 套箱抗浮及抗风措施

为保证在无水条件下，套箱系统具备足够的抗浮能力，为此在封底混凝土层内设抗浮钢筋，抗浮钢

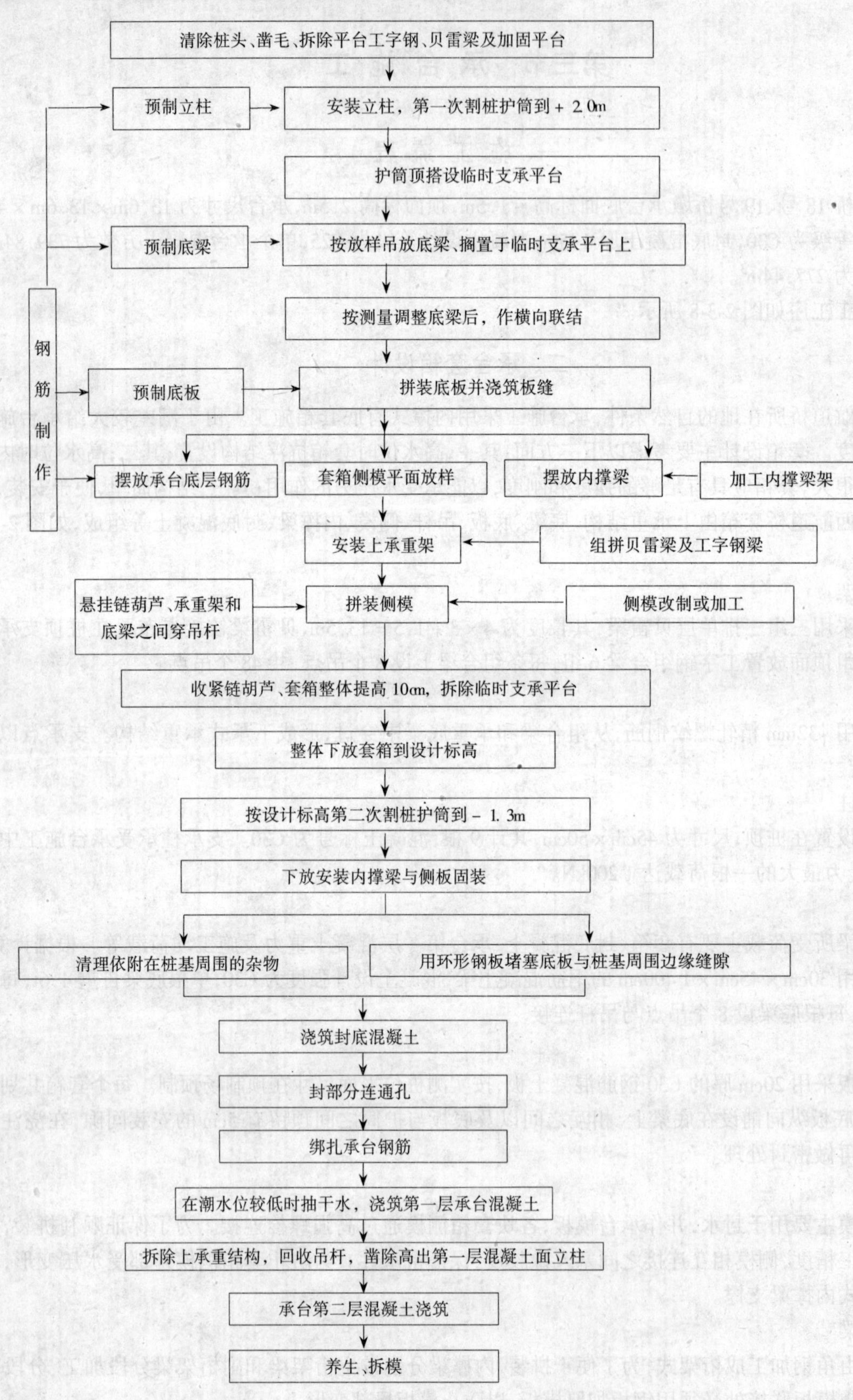

图 2-3-8　承台施工流程图

筋与桩顶护筒焊接，套箱侧板则用钢筋与平台连结。这样，就可利用基桩来承受浮力和风压力，以保证套箱具有足够的抗浮、抗风、抗潮差、抗海浪冲击的能力。这些影响在设计计算时均已全面考虑，此外还

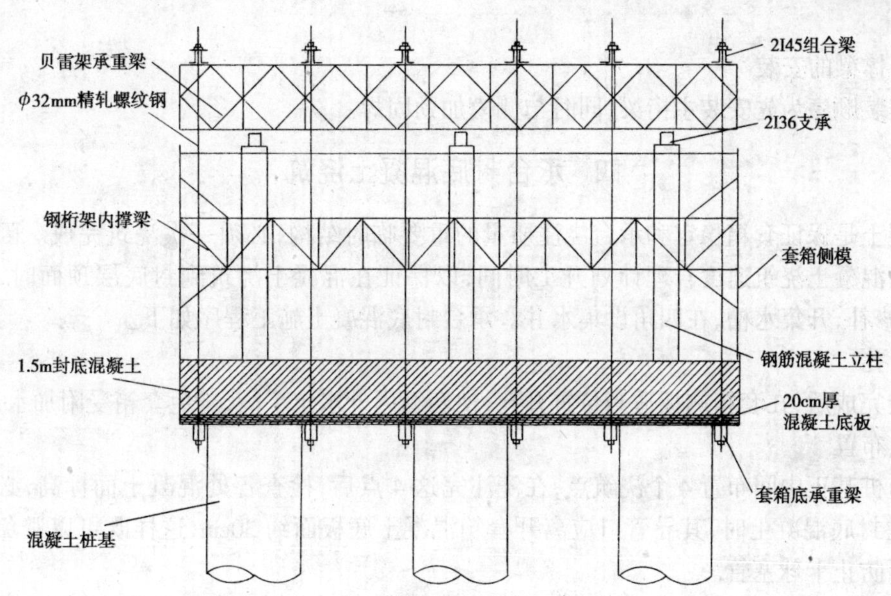

图 2-3-9 有底套箱整体布置图

制定了其他安全预防措施，以确保施工范围。

三、承台套箱安装

大型承台套箱体积大，在深水潮差海域的安装难度也比较大。西航道桥套箱安装程序如下：

1.立柱安装

立柱安装在桩顶，安装过程中要注意控制第一层预埋钢筋方向、严格控制垂直度、严格控制柱顶标高。

2.桩基钢护筒调平

钢护筒顶标高为 +2.0m，然后在上面摆放 3 组 2I36 工字钢。工字钢应处于同一水平面，其上摆放 6 根底梁，各底梁必须平行且间距准确。

3.摆放底板

底板摆放好后，应立刻进行板间连接，使之形成整体。

4.安装内撑梁

在底板上放出套箱侧模位置，按各块间距摆放第一层钢筋，然后安装内撑梁。

5.安装上承重梁

在安装上承重梁时一定注意承重组合梁与相应底梁的位置准确并处于同一垂直面。

6.安装侧模

侧模安装顺序宜从角点开始，先安装横桥向侧模，再安装与之相连角点处的侧模以构成一个稳定结构。以后则按同样顺序对称安装另一角点的侧模。内模安装完毕之后应仔细检查连接的可靠性及安装精度。

7.承台套箱下放

承台套箱必须均匀下放，严格控制倾斜、扭转、偏移。因此，下放过程中必须做好人员分工、组织和监测指挥工作。套箱下放行程共 6m，分两次下放。根据链葫芦行程及当时的潮位转换确定第一次下放 3.2m。套箱下放过程中，应伴随套箱下放同步扭松各吊杆螺母，完成套箱第一次下放后应检查各处标高，保证套箱底面水平，而后扭紧各精轧螺纹钢筋上的螺母，逐步放松链葫芦。至第二次下放套箱到位后，上螺母与 2I45 组合梁之间的高差不得超过 10cm。由此可直观反映出套箱下放时各吊点的均匀性。

8.套箱内撑梁的安装

内撑梁安装顺序为先安装主桁梁,同时与侧模加劲固焊。

四、承台封底混凝土浇筑

封底混凝土是保证套箱稳定和承台浇注质量的重要临时结构,必须一次浇筑完成。因此要根据潮水涨落特点及混凝土浇筑速度合理计划开工时间,以保证在混凝土浇筑到封底层顶面时,正好露出水面,以便及时修补,开集水槽,在四角设集水井。承台封底混凝土施工程序如下。

1.套箱开孔

套箱安装完成后,在套箱侧板适当位置开孔,使套箱内外水位平衡,避免套箱受附加水压力。

2.浇筑点布置

在桩基与桩基正中间布置4个浇筑点,在浇注完这4点后,检查各处混凝土面标高,必要时进行补浆。水下灌注封底混凝土时,其导管口应离开套箱混凝土底板面约30cm,这样既可以避免混凝土对底板的冲击又可防止卡球塞管。

3.C30混凝土配合比及品质要求

单个承台封底混凝土277.44m^3,根据涨退潮速度控制浇注时间为5~10h左右。由此推算合适的开盘时间和混凝土供应速度应不小于70m^3/h;混凝土的坍落度控制在18~20cm;初凝时间8~10h,并采用0.5~3cm粒径石子作粗骨料,其和易性必须达到施工工艺要求。

4.开盘工艺

为保证水下混凝土质量,开盘时导管埋置深度宜为0.3m左右,导管球用编织袋包砂浆制作。具体做法是:用伸缩性小的ϕ6钢丝绳吊住袋装砂浆,堵住导管口,在钢丝绳上9m处刻度标记,随着漏斗浆的积累,缓慢下放钢丝绳至9m位置固定。当漏斗满浆后关闭储料斗闸门,待储料斗浆满后,即可以缓慢下放钢丝绳、开闸,正式浇注封底混凝土。

5.施工观测与监控

施工观测目的在于了解混凝土浇筑情况以便判别某浇注点是否达到浇注标高。测点在护筒及导管附近加密布置,其余以1.5m×1.5m作网点,用测绳或有刻度的竹杆测定。混凝土面标高宜控制在-1.6~-1.4m。按照前述的浇注时间选择,此时水位仍较高,但各点均完成后,水位应已退出混凝土面,可人工调平封底混凝土面。

五、承台混凝土浇筑

1.施工程序

承台封底完成,养护7天后即可进行承台施工。施工前应先封闭套箱进水孔,检查套箱的密封性,抽干套箱内的集水,以便在套箱内完成后续作业。包括:

1)清理封底混凝土表面使其基本平整;

2)拆除上承重结构、破除立柱、切割护筒;

3)绑扎钢筋;

4)浇筑承台混凝土。承台混凝土分两层浇注,第一层厚1.5m,第二层厚2.5m。

2.混凝土配合比及品质要求

现场试验室严格设计其配合比,要求其易和性达到泵送混凝土施工要求。其坍落度为18~20cm,初凝时间为7~8h。

3.混凝土浇筑顺序

考虑到套箱的受力特性,混凝土应从中间向四周扩散浇注,而后相反,力求套箱受力均匀。由于浇注过程是无水作业,所以应注意施工时潮差变化对套箱侧模的影响。

六、大体积混凝土温度控制措施

1.分两层浇注,以降低混凝土温度和内外温差;

2.使用掺加粉煤灰的混凝土以减少水化热;

3.布设冷却管降温。每0.5m布设一层冷却管,日夜通水,带走混凝土内部水化热;

4.完成浇注后,用湿麻袋覆盖养生。

第四节　高 墩 施 工

西航道连续刚构桥18号、19号主墩墩身为薄壁墩,平面尺寸为7.0m(横桥向)×2.0m(顺桥向),高度为38.849~43.152m。18号墩混凝土灌注量2 211m^3,19号墩为2 407m^3。

一、支架设计特点

从施工方便和安全考虑,采用门式支架搭设满堂支架施工。满堂支架设计特点为:

1.门式支架平面间距0.90m,采用交叉拉杆加强;

2.利用水平交叉钢管与门式支架相连,以增强稳定性;

3.门式支架与墩身相连接并固定,以增强整体抗风性能。

二、墩身模板设计、制作

1.外模设计

1)为保证墩身混凝土外观质量,加快工期,外模设计为翻模,面板采用厚6mm的Q235钢板另用加劲板加强。

2)周边肋板采用$\delta=8$mm的Q235钢板加强;

3)模板分三节,节高2.5m,总高7.5m;

4)每浇注2×2.5m=5m高度混凝土,留下一节作接口和支承。

2.内模设计、制作

1)内模外观要求不高,为保证结构设计尺寸,采用建筑行业通用的组合钢模,现场拼合而成,两个桥墩共制作8套内模,以备周转;

2)模板只加工一节,总高为5m;

3)不设接口模,一次提升一节。

3.安装质量标准

1)在墩身施工前对施工人员进行技术交底,使施工人员熟悉和掌握钢模板的施工和操作技术;

2)钢模板的布置和施工操作程序,均应按照模板的施工设计及技术措施的规定进行;

3)组合钢模板尽量避免开孔,必须开孔时应用机具钻孔,不得用电、气焊熔烧开孔;

4)拆模板时应及时清除残渣和进行检修;

5)模板安装前应涂脱模剂,脱模剂应涂刷均匀,稠度适中,不得沾钢筋;

6)模板安装好后,其轴线位置、水平标高、各部分尺寸、垂直度等均应符合设计要求,且表面平整,棱角方直。

三、墩身施工流程

墩身施工流程为:测量放样→绑扎钢筋→监理工程师检验合格→吊装模板→插入对拉螺栓及套管

→安装另侧模板→收紧对拉螺栓并调整模板→自检→监理工程师检验合格→浇筑混凝土→养生、拆模并凿毛→第二阶段。

四、墩身混凝土浇筑和养护

墩身混凝土采用泵送,采取以下质保措施:

1.采用性能较好的混凝土输送泵,并注意日常维修和保养,另备用混凝土输送泵及泵管,以防不时之需。

2.采用商品混凝土,以保证质量。

3.每次浇筑混凝土均有主要技术负责人在场,及时处理紧急情况。墩身混凝土强度达到75%后开始拆模。一个施工周期为5天,浇筑高度5m。浇筑最后一节之前,需先安装好0号~1号块预埋托架后方可安装模板浇筑混凝土。墩身养护期不少于7天,并确保混凝土面经常处于湿润状态。

4.施工注意事项

1)墩身上每隔5m设一道附墙钢板安装塔吊和电梯预埋件;

2)墩身模板的光洁性;

3)墩身混凝土分层浇注;

4)混凝土开盘砂浆不许浇入墩身混凝土体内;

5)检查墩身模板的刚度和对拉螺丝的松紧度;

6)墩身节段之间混凝土结合处必须凿毛,保证新老混凝土结合良好。

五、墩身测量及控制要求

1.平面尺寸准确定位

用全站仪在W10、W13两个站点放样、检查,控制边长误差在±1cm以内。用涂改液或红油漆定出角点,再用墨线弹线,然后用钢尺复核。

2.控制墩身立模的垂直度

1)用全站仪垂直丝检查调整模板的垂直度;

2)在立模的4个角点吊锤球,保证长度2.5m模板偏位不能超过2mm。

3.施工误差调整

1)如尺寸偏差在允许范围内,直接调模板;

2)如超过误差允许范围,应凿除混凝土,再装模浇混凝土。

3)要求测量人员及时观察、检查及调整,保证墩身的外观及质量符合设计要求。

第四章　上部结构施工

第一节　0号~1号块施工

一、0号~1号块施工流程

0号块~1号块的施工流程如图2-4-1所示。由于0号块和1号块与横隔板整体现浇,为施工方便和安全，分两层浇注，第一层浇注高度3m，第二层浇注高度4.5m。第一层混凝土及模板重力由托架承受，第二层混凝土的重力由第一层混凝土和托架共同承受。

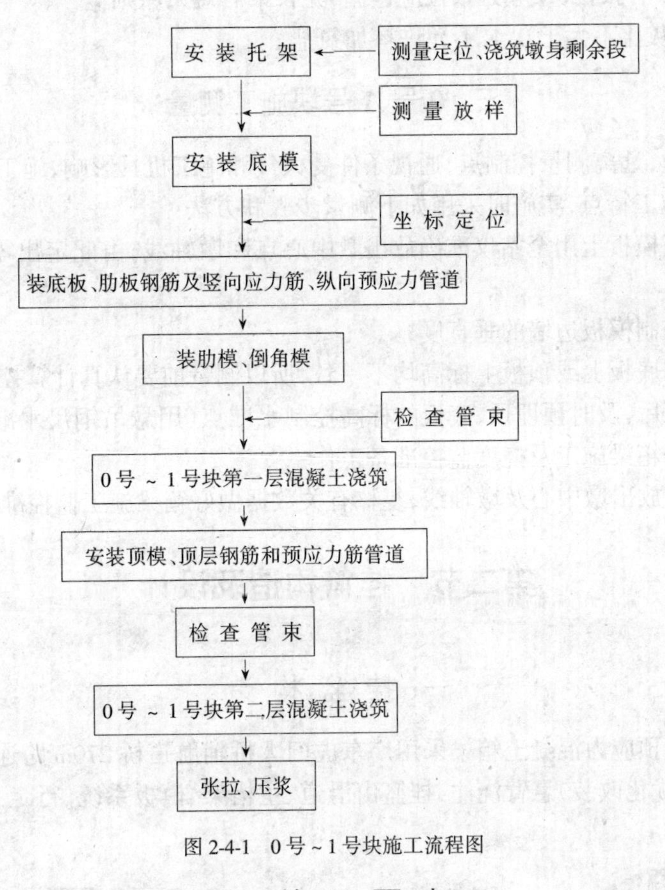

图2-4-1　0号～1号块施工流程图

二、施工要点

1.托架施工要点

1)0号块块件高，质量大，加上1号块及横隔墙均由托架支承，故托架承受的重力很大。施工采取的方法是在预埋的工字钢上落放贝雷梁；在预埋的贝雷片上，接长贝雷纵梁，在预埋的阴阳头上连接贝雷梁，相邻贝雷梁之间以花窗相联接，形成托架的受力框架，再在贝雷纵梁上铺工字钢，与贝雷梁联结后形成托架。由于高空作业，故须保证托架承载能力和施工质量。

2)浇筑混凝土前应在箱梁底板、翼板位置预留吊孔，供拆架使用。

3)用于制造托架的贝雷梁和工字钢应全部检查，变形者立即加强或更换。

4)应在托架上的贝雷梁侧面作出标记，作为墩顶段施工观测点，控制下挠引起的外观变化。

5)主墩进入挂篮施工阶段方可拆除托架，然后凿除表面5cm混凝土，切割外露工字钢和贝雷梁预埋部位，再用与墩身相同的水泥配制泥胶，补填空洞，力求与墩身表面光泽一致。

6)托架斜撑对防止1号块变形作用很大，应特别加强。

2.张拉及压浆施工要点

1)0号梁段预应力管道较集中，如与钢筋发生干扰时，只能移动钢筋不能切断。

2)应严格检查波纹管接头，不可存在毛刺、卷边、折角等现象，接头处用防水胶布和绝缘胶布密封，谨防管道漏浆。

3)浇筑混凝土后立即通水检查管道，以防堵孔。在混凝土浇筑前加内衬硬塑胶管，防止管道变形和漏浆。

4)应防止竖向预应力管道及顶端漏浆。

5)混凝土强度达到设计强度的80%以后方可进行预应力筋张拉,底板束必须在合拢段混凝土强度达到设计强度的90%以后张拉,预应力张拉应遵循"先长束后短束原则"。

6)压浆应密实,水灰比不大于0.4,不允许掺加氯盐。

三、0号、1号块施工测量

由于采用高空作业,远离测量控制点,通视条件受大气和施工机具影响,施工测量比较复杂,且有一定难度。针对桥型及施工特点,实施时采用如下测量步骤和方法:

1.先在铺设好的底模板上用全站仪准确放出墩中心点和墩轴线,由此定出零号块钢筋和内外边墙边线的位置;

2.用垂线或仪器控制模板边墙的垂直度;

3.因有纵坡、横坡,底板上或顶板上标高均不一致,所以测量前要认真计算控制点坐标;

4.在0号块完工之后,及时预埋顶、底板的标高控制水准点(用悬吊钢尺水准测量方法将承台水准点传递到0号块);做好箱梁施工及挠度监控准备工作;

5.在0号块顶板上放出墩中心及墩轴线,复核有关数据做好箱梁施工监控准备工作。

第二节　挂篮构造及设计

一、挂 篮 构 造

西航道连续刚构桥预应力混凝土箱梁采用广东虎门大桥辅航道桥270m跨连续刚构桥施工用的轻型鹰式挂篮(局部进行优化改装)悬臂浇注,挂篮由滑道、主桁架、模板系统、行走系统、吊杆和锚固系统构成,见图2-4-2。

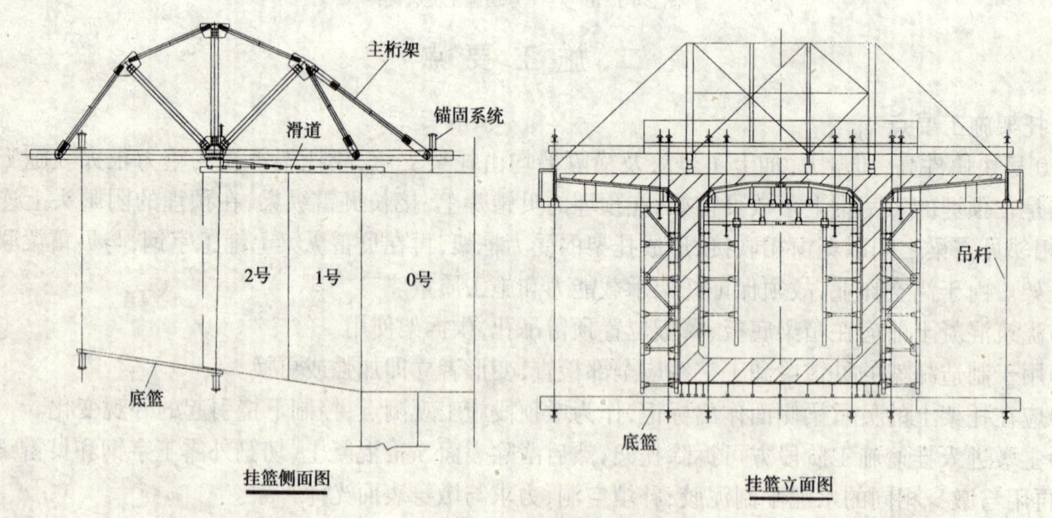

图2-4-2　鹰式挂篮构造图

1.滑道

以硬木作垫,上铺双条钢轨组成。

2.主桁架

主桁架共有三片,两边片为主要承重桁架,中片为保证结构稳定设计的构造桁架。桁架下弦杆采用双拼36号槽钢作承压和受弯构件。三片桁架间用平联杆、横梁、横压杆、斜撑等组成整体。

3.模板系统

模板系统包括底模、内模及外模。底模采用5cm木板其上钉3mm厚的Q235钢板，内、外模均由模板面和模板骨架组成。

4.行走系统

1)主桁架在滑道上由4个10t手拉葫芦牵引滑行，两边主桁架后端设置反压滚轮和防倾手拉葫芦等;

2)底篮和内外模同主桁架形成整体由牵引系统牵引行走。

5.吊杆和锚固系统

1)吊杆及后锚均采用Ⅳ级 $\phi 32$ 精轧螺纹钢。

2)吊点位置偏差，纵向≤±20mm，横向≤±10mm。

二、挂篮设计原则

1.挂篮除满足构件强度、稳定性要求外，还需有必要的刚度，在浇筑梁段混凝土时其前端挠度不超过20mm。

2.节省材料，要求效率系数 $K<0.4$。

3.桁架间横向加设斜杆增加桁架的整体性和横向刚度，加强抗台风能力。

4.底篮要求厚轻，装拆方便。

5.主桁架下弦杆设置船形支座，以利在滑道上滑行，另设置防倾手拉葫芦保持平衡。

6.2号块采用联体挂篮，用插销铰联，装拆方便省时。

7.内外模采用组合钢模，便于调整箱梁节段高度。

三、挂篮制作安装要点

挂篮加工好后，先在场地试拼，检验各部件尺寸是否合理、准确，经检查合格后，再移到工地组装。

挂篮安装的顺序：

滑道→主桁架→主桁架锚固系统→吊杆系统→安装底篮→安装外模架→安装外模→安装内模架及模板

1)滑道安装要点

先清理0号块和1号块桥面，测量放样。设置硬木底座并垫平。在支点处密铺硬杂木加强，由于桥面有横坡，两片侧桁架底需用不同厚度枕木调平，使主桁底梁处于同一水平面上。待枕木垫铺好后，铺上钢轨，抄平、检查、测量定位，用枕木螺栓连结。

2)主桁架安装要点

纵向。先把已安装好支座的下弦梁放在轨道上并定位，然后拼装联体挂篮的中三角形，并分别向两端延伸。

横向。安装一侧横联杆、缀点板拼到中梁，再拼另一侧平联杆、横梁、横压杆、斜撑。连接两套挂篮下弦梁中部断开处，拼成联体挂篮。

解体。从2号梁段施工开始，延伸主桁架下轨道，安装牵引和防护装置，联体挂篮从中部解体，前移到相应位置，拼上斜杆，断开处重新作等强连接，形成独体挂篮。

由于该挂篮使用的型钢都是国产大型工字钢和槽钢，翼板有坡度，所以在翼板处的连接螺丝都必须使用斜垫片垫平。

施工时应注意主桁架结构特点，安装轨道时，应加强两边主要承重桁架，轨道安装精度要求：顺桥向轨距偏差≤±10mm，横桥向支承点偏差≤±10mm。横梁安装时控制偏差≤10mm。

第三节 梁段施工

一、施工程序

每节梁段均按以下程序施工：

前移挂篮→调整挂篮→绑扎底板、腹板钢筋、安装预应力管道→装内模→测量复核→绑扎面板钢筋,安装预应力管道→测量复核→浇注混凝土→穿纵向预应力束→张拉→前移挂篮→下一梁段施工。重复上述过程。

二、模板安装要点

模板分为底模、外模、内模、端头模及边线模,安装要点如下：

1.底模

调节底模中线是安装模板的关键工序,否则将直接影响成桥线形。

2.外模

外模的平面位置由底模确定,其标高由前吊杆调整。

3.内模

内模的平面位置由外模确定,关键是保证腹板的厚度,其标高由前吊杆调整。

4.端头模

根据测量放样的梁段长度,确定端头模位置,要点是必须预留搭接钢筋和纵向波纹管孔位。

5.边线模

边线模即箱梁翼板的两边缘线模板,其位置由已浇注梁段的前边点和下一待浇梁段测量放样点确定,其线条必须满足设计曲线。

三、混凝土浇注施工要点

1.通过混凝土配合比试验,确定最佳配合比。

2.采用高压输送泵输送混凝土。

3.混凝土浇注工序

1)浇注前,应对支架、模板、钢筋等进行检查;

2)由高处向仓内浇注混凝土,以防止混凝土离析;

3)混凝土按一定厚度分层、向另外一个方向浇注;

4)混凝土应充分振捣;

5)在已浇注的一层混凝土初凝之前必须浇完上一层混凝土;

6)加强混凝土养生。

四、预应力张拉施工要点

1.预应力钢材的运输和保养

1)因施工周期长,钢绞线需按施工计划分批进场,钢绞线场内存放期一般不超过半年;

2)预应力钢材应用枕木支垫,支垫高度不小于30cm,并采取必要的防雨遮盖措施;

3)精轧螺纹钢筋运输过程中要避免碰伤,在场内不得碰焊。钢筋堆放应搁置在枕木上,枕木间距不大于2.0m,防止其产生弯曲变形。

4)预应力钢材进场时应分批进行验收,取样试验,各项指标合格方可使用。

2.预应力管道的制作和安装

1)波纹管在现场制作,扁管由工厂加工;

2)预应力管道必须有足够的刚度,采用115mm的钢带卷制的双波波纹管为好;

3)预应力管道的安装质量在很大程度上影响预应力张拉质量,因此预应力管道必须顺直、按设计坐标安装。安装偏差不大于10mm。每隔100cm设置定位钢筋一道,防止管道移位;

4)因预应力管道长、管道接头多,在施工过程中,要特别注意做好管道接头处理。管道接头处宜用长25cm的外套管驳接,接头必须平顺,对有凹陷的接头必须修整平直,否则将会给钢绞线穿束造成极大困难,对于伸出梁体外的波纹管,要认真做好保护工作,防止人为碰撞损伤。

3.预应力材料的安装

1)精轧钢筋下料前应进行外观检查,有明显弯折者不得使用。对出厂前剪切造成的扁头应预先锯除。预应力钢材下料需使用砂轮切割机切割,不得采用电焊切割,以免损伤预应力筋;

2)安装精轧螺纹钢筋时,锚固端露出锚具的长度应不小于钢筋直径;张拉端露出锚具的长度不小于6倍钢筋螺距;

3)竖向预应力筋长度超过12m时,使用YGL连接器接长。为使钢筋进入连接器内的长度相等,应作出钢筋进入连接器的长度标记。当连接器两端的钢筋安装完毕后,应使用环氧树脂将连接器与钢筋固结。在施工过程中,应防止竖向筋转动;

4)横向预应力钢绞线应梳理平顺,防止互相绞结;

5)纵向预应力钢绞线长度小于40m者用人工单根穿束。长度大于40m者用卷扬机整束拖拉穿束。穿束前可在预应力管道内穿一根钢绞线作引线,牵引一根钢丝绳进入管道,逐根将该束钢绞线焊接在钢丝绳尾端,用8t卷扬机牵引钢丝绳,将钢束穿入管道。钢束穿完后,用砂轮将受焊接影响的钢绞线切除。

6)在混凝土浇筑前应在纵向预应力管道接头处安放硬塑料内衬管,以防止管道变形、漏浆。

4.预应力张拉

1)张拉机具

千斤顶:根据设计张拉吨位选用适当的千斤顶型号。横向张拉采用YCW20型;竖向张拉采用YC60型;纵向张拉采用ZPE—460、ZPE—270、YCW—250型;

油泵用ZB4—500型和EHP25—3/4型两种;

千斤顶、压力表、油泵应配套标定后才能使用;

张拉机具应由专人使用、保管、定期校验,校验期限为三个月,若施工中发生下述情况应按重新校验。

A.张拉时预应力精轧螺纹钢筋突然断裂;

B.千斤顶发生故障或漏油严重;

C.张拉延伸量出现异常值;

D.油泵压力表不能退回到零点;

E.油泵倒地或重物撞击油压表。

2)预应力钢绞线张拉

在混凝土龄期和强度达到要求后,即可进行预应力张拉。张拉的顺序为先张拉腹板永久预应力束,后张拉顶板永久预应力束,最后张拉横向和竖向预应力筋。采用控制张拉应力和钢绞线延伸量的双控方法控制张拉质量。张拉过程如下:安装锚具、千斤顶→初张拉至初应力(设计应力10%)→作量测伸长量起始记号→分级张拉至设计应力→量测伸长量→持荷5min→将油压加至设计应力时对应的油压(因为在持荷时有可能油压下降)→量测伸长量→回油锚固→量测实际伸长量并求出回缩值→检查是否有滑丝,断丝情况发生。如果在最后伸长量达不到设计和施工规范要求,应提交监理工程师和有关方面研究,确定超张拉值。

如果以上各过程均无异常情况,则可拆卸千斤顶张拉下一束,如有异常情况出现,则须分析其原因,处理后重新张拉。

横向预应力钢筋采用 YCM-25 千斤顶张拉,单根张拉,张拉过程与纵向束类似。

3)张拉竖向预应力筋

混凝土龄期达到要求后,即可张拉竖向预应力精扎螺纹粗钢筋。使用 YC-60 型拉杆式千斤顶,按张拉力及延伸量进行双控。

5.预应力管道压浆

压浆从低处压入,高处排气。

压浆前,先用压浆机向管道内注压力水,充分冲洗、润湿管道,至全部管道冲洗完后,正式拌浆,开始压浆。至另一端排水、排气孔喷出浆并稳定后,才可封闭排气孔,其后对管道加压至 0.6MPa 并持荷 5min 后封闭。

使用压力水冲洗压浆管道,应观察排出的水中是否混有水泥浆。如有则说明管道串浆,须持续冲洗以确保管道不为串过的水泥浆堵塞。在管道冲洗过程中,还应派专人在箱梁内外进行检查,如有漏水现象,则须做好记号,统一封堵,以免最后压浆时发生漏浆,影响压浆质量。

通过埋于底板上的压浆管将水泥浆注入竖向预应力管道进行竖向预应力压浆,至梁顶锚具排浆稳定后方可停止压浆。然后稳压 5min,封闭压浆孔。

第四节　上部结构施工监控

一、施工监控的意义

西航道连续刚构桥桥面高 50 余米;曲线半径 900m,桥面纵坡2.5%。设置纵坡后,桥面高差达 9.75m;设置超高后,桥面横向高差达 53cm。采用挂篮分段悬臂浇注施工过程中,箱梁平、纵线形受结构体系、施工荷载、施工工艺（预应力张拉）、基础沉降，混凝土徐变、收缩、环境温度和气候等诸多因素的影响，会不断变化。因此，必须采用必要的动态监测、监控措施，掌握施工过程中梁段的平面变形和纵向挠度，同时分析预测浇注下一梁段时的平、纵线形预抬高值，采取有效控制措施，保证成桥线形满足设计要求。所以，施工监控被认为是分段悬臂现浇结构中必不可少的施工质量和施工安全保证措施。

二、梁段施工挠度监测方法及精度控制

1.监测点的布置及埋设

监测点的位置根据施工监控分析计算要求选定,在顺桥向每节梁段布置 3 排,且与结构施工计算简图划分的节点位置一致,以便于与理论计算挠度值相比较,同时也要反映出梁段浇注过程中顺桥向挠度变化。在横桥向则分别设置挠度测点 4 个和线形测点 2 个,以观测梁段平面线形变化和是否发生扭曲。测点位置示于图 2-4-3。

为保证测值准确,采用长 8~10cm 的 $\phi10$ 钢筋,把顶部磨圆作为测标,在浇注混凝土前把测标下端点焊到桥面钢筋上(也可在浇注混凝土时植入),顶部露出桥面 5~10mm,以不影响施工为度。

2.监测方法

悬臂箱梁的施工挠度主要采用精密水准测量监测。施工过程中,周期性地测量监测点顶部高程,则不同工况下同一监测点标高的变化(差值)就代表了该梁段在这一施工过程中的挠度变化。上述挠度变化观测的相对基准点设置在 18 号墩和 19 号墩的零号块上,绝对基准点设置在岸上(BM 三 2 和 BM4 点)。

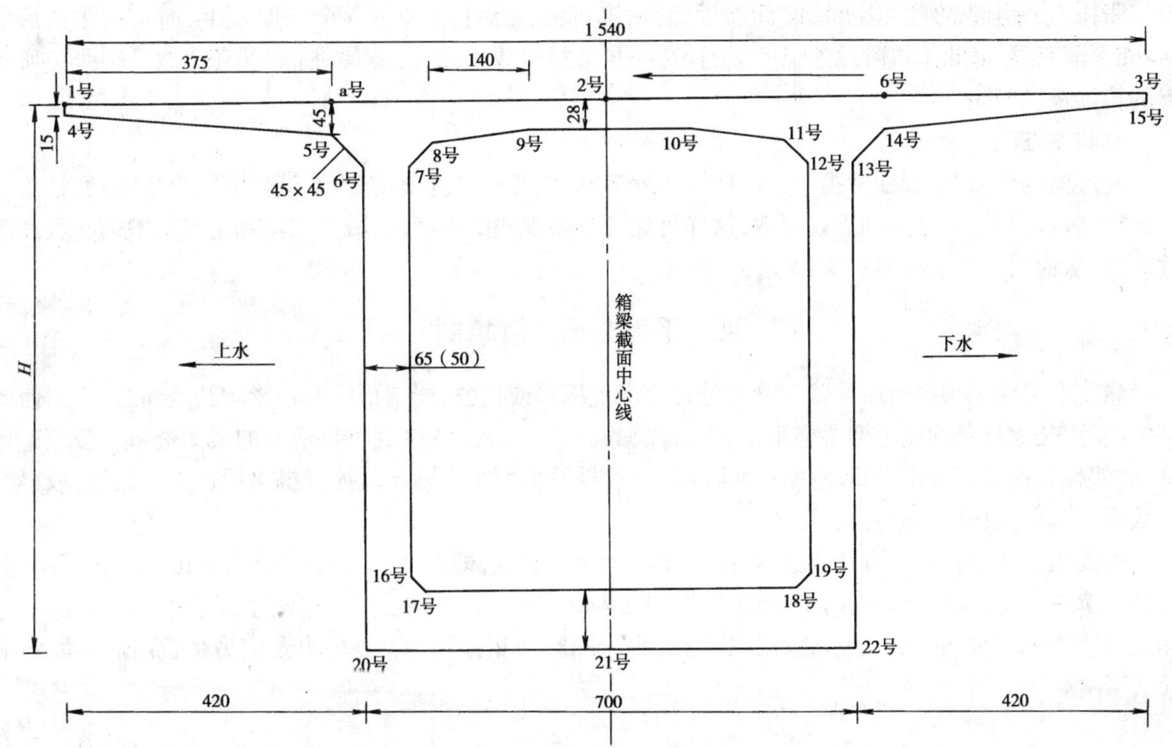

图 2-4-3　挠度监测点布置图(尺寸单位:cm)

3.观测周期

一般每一节段箱梁分为三个施工阶段，即挂篮前移阶段、浇筑混凝土阶段和预应力张拉阶段。为配合施工，有效地反映箱梁在不同施工阶段中的挠度变化情况，应以施工阶段作为挠度观测的周期，在挂篮前移后、浇筑混凝土后和张拉后，各观测一次，这样随着箱梁块数的增加，愈靠近零号块的箱梁上的监测点被观测的次数愈多，其标高的变化就代表了该点所在箱梁在不同施工阶段中的挠度变化过程。这种挠度变化观测程序，称之为连续刚构桥三阶段挠度观测法。

4.监测精度

为提高挠度监测精度，使观测成果达到设计观测精度要求，采用国家二等水准测量精度等级和观测方法进行施测。现对这种精度等级的灵敏度分析如下：

根据工程测量规范，用 DS1 级精密水准仪按二等水准测量技术要求施测，每测站所测高差的允许误差为 ±0.7mm，取二倍中误差为允许误差，则每测站高差测量的中误差为 $M_h = \pm 0.35$mm。当悬臂箱梁施工到 19 号梁段(最后一节梁段)时，闭合水准路线的长度最长，此时路线的长度为 2×70 = 140m，按每测站水准路线的长度 40m 计，需进行 4 个测站水准测量，则最弱点的高程中误差为 0.99mm，其监测方法的灵敏度为 2×(±0.99)mm = ±1.98mm，即该方法能监测到变形量大于 ±2mm 的挠度值。这个精度显然能达到挠度变化监测和指导施工的目的。

三、监测精度控制措施

1.监测时间

挠度观测严格安排在清晨 5:00～8:00 时间段内完成。在该时间段内，悬臂箱梁正好处于夜晚温度降低上挠变形停止和白天温度上升下挠变形开始之前，是悬臂箱梁温度相对稳定时段。此外在该时段内观测，还可减少温度变化对观测结果的影响和施工对观测的干扰。

2.张拉变形监测

张拉力所引起的箱梁挠度有时间滞后效应,亦即张拉后上挠变形不会立即发生,而是在张拉后的4~6h逐渐完成,因此张拉阶段的挠度观测,安排在张拉完成6h后的清晨进行,以真实地反映张拉所引起的箱梁挠度变化。

3.监测方法

变形监测采取"前视变后视"方法,即在当前测站,该监测点为前视读数,读数完后仪器不动,把该点的前视读数当作后一测站的后视读数,这样可保证高差观测的连续性、减少仪器和水准尺搬动次数和读数次数,从而达到缩短视线长度和监测点间距、提高精度等目的。

四、平面线形监测控制

悬臂弯梁张拉预应力后悬臂端梁段是否会产生偏移或扭曲,严重程度是否影响其平面线形,如何调整控制等,是大悬臂预应力弯梁施工中尚未解决的课题,国内也未查到可供借鉴的实测资料。按理论计算,此偏移或扭转量较小,可以忽略,但实际施工后果不得而知。因此监控组提出通过施工监控,取得实际数据,论证解决这个问题。

平面偏移和扭转监测方法如下:在地面设两个固定测点,即图2-4-4中的G三4、W16,分别安置两台高精度全站仪;在4号梁段设两个观测点,即图2-4-4中的W12、W15点,采用双边测距法(测量精度可达4mm)测量每节梁段在预应力张拉前后发生的测距变化,两相比较即可分析出预应力张拉前后梁段的平面线形变化。

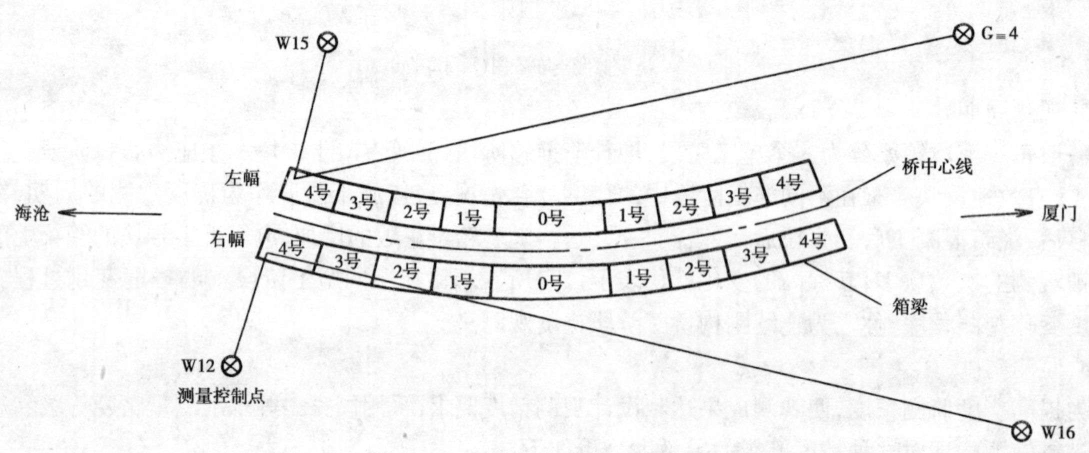

图2-4-4 平面线形变化监测示意图

施工监测数据表明,在施工5号节段之前,梁段平面线形变化较小,也无规律性。随着浇注梁段增加,观测数据才显示出一定规律性,以18号墩左线东侧6号梁段和19号墩西边10号梁段观测数据为例,分析如下。从表2-4-1所示观测结果看出:

1.在前20m平面偏移量基本为零之后,每一节梁段的张拉偏移值有1~3mm,并向圆心方向偏移;

2.偏移量最大累计达25mm,施工中不可忽略,故在每一次放样中向另一侧预偏移一定距离,以便把施工偏移量消除。

西航道现浇箱梁张拉造成的轴线偏移值　　表2-4-1

点位	张拉块	离桥中心线距离(m)	向圆心偏移(mm)
LZ18-06	10号	15.258 3	0
	13号	15.260 5	+1.8
	14号	15.265 8	+4.7
	16号	15.271 3	+5.5

续上表

点位	张拉块	离桥中心线距离(m)	向圆心偏移(mm)
LW19-10	10号	15.391	
	13号	15.398 5	+7.5
	14号	15.401 4	+2.9
	16号	15.408 5	+7.1

由于采用了预偏措施,提高了平面线形合拢精度。施工完毕后,测量得出的合拢精度为:左幅 9mm,右幅 7mm;全桥 180 个中线点,除一个点差值达到 30mm 外,其余各点中线平面偏移都在 20mm 以下,有 156 个点的偏移值小于 10mm。说明施工平面线形控制较好。

五、竖向线形监测控制

1.预抬高值的确定

在施工组织设计阶段即根据设计单位提供的施工设计图和施工方案计算出施工过程中每个梁段的施工挠度,以此为依据并结合实际施工经验设定每节梁段的施工预抬高值,以保证纵向合拢线形符合设计要求。

预应力连续刚构桥悬臂施工过程中,梁段挠度一般由浇注梁段自重、预应力张拉、挂篮及施工设备质量、混凝土徐变收缩、温度变化等因素造成,而且是一个动态过程,受许多不定因素影响,所以施工过程中还应结合实测数据适当调整预抬高值。表 2-4-2 列出 19 号墩右幅第 10 号梁段张拉前实测桥面标高与理论桥面标高对比值。表列数据说明,施工过程中实际提高变化规律复杂,应加强观测,才能有效控制桥面线形。

桥面计算标高与实测标高对比 表 2-4-2

节点号	里程(m)	当前阶段桥面计算标高(m)		实测标高	实测减理论标高(mm)	累计位移值(mm)		
		据理论放样	据实际放样			计算	实测	实测减计算
52	4 795.500	52.151	52.158	52.125	-25	0.0	0.0	0.0
53	4 799.000	52.235	52.240	52.202	-32	1.7	0.0	-1.7
54	4 802.500	52.317	52.322	52.308	-9	2.2	-0.1	-2.3
55	4 805.500	52.388	52.392	52.359	-29	2.4	0.0	-2.4
56	4 808.500	52.460	52.464	52.452	-7	1.9	-0.1	-2.0
57	4 811.500	52.532	52.536	52.508	-23	0.8	0.0	-0.8
58	4 814.500	52.604	52.607	52.598	-5	-0.8	0.0	0.8
59	4 817.500	52.676	52.679	52.671	-5	-2.6	0.0	2.6
60	4 820.500	52.749	52.752	52.761	12	-4.6	0.0	4.6
61	4 823.500	52.822	52.828	52.840	18	-5.9	0.0	5.9
62	4 826.000	52.883						
63	4 834.000	53.077						
64	4 836.500	53.133	53.140	53.136	2	-5.0	0.0	5.0
65	4 839.500	53.201	53.205	53.214	13	-4.7	0.0	4.7
66	4 842.500	53.269	53.272	53.288	18	-2.6	-0.1	2.5
67	4 845.500	53.338	53.341	53.349	11	-0.8	0.0	0.8
68	4 848.500	53.407	53.411	53.396	-11	0.8	0.0	-0.8
69	4 851.500	53.476	53.480	53.475	0	1.8	-0.1	-1.9
70	4 854.500	53.545	53.549	53.529	-15	2.3	-0.1	-2.4
71	4 857.500	53.614	53.619	53.592	-22	2.1	-0.1	-2.2
72	4 861.000	53.695	53.701	53.673	-21	1.6	0.0	-1.6
73	4 864.500	53.775	53.782	53.750	-25	0.0	-0.1	-0.1

计算:池杨敏　　　　监理确认:韩逸林

复核:尹雪辉　　　　日期:1999 年 4 月 11 日

2.立模标高的确定

每节梁段理论立模标高可按下式计算：

$$H_i = h_i + \Delta_i + b_i + \Delta h_{(i-1)}$$

式中：H_i——第 i 梁段立模标高；

h_i——设计标高；

Δ_i——预抬高值，为该梁段设计计算弹性挠度总和；

b_i——挂篮非弹性变形值(一般取 22mm)；

$\Delta h_{(i-1)}$——前一梁段($i-1$ 梁段)实测实际标高与第 i 梁段设计标高的差值。

3.竖向线形监测控制措施

1)测量一天内挠度变化值，掌握梁段施工挠度变化规律。如浇注到 13 号梁段时，测得一天温度变化值为 12℃(变化范围 18～30℃)，13 号梁段挠度变化值为 13mm，温差 1℃，挠度变化 1.08mm；施工到 16 号梁段时，测得一天温度变化值为 18℃(变化范围 16～34℃)，挠度变化值为 20mm，温差 1℃，挠度变化 1.11，与 13 号梁段挠度变化值相差 2.8%；

2)尽量在同一温度条件下进行施工测量放样。

3)按照《厦门海沧大桥工程质量检验评定标准》的要求加强材料质量检查，严格控制材料质量。

4)定期复测施工监控测量系统，消除每次测量的人为误差，保证测量精确、可靠。

5)根据实测挠度，适时调整立模标高。西航道桥上部结构施工过程中，分四阶段调整立模标高。第一阶段为 0 号块至 5 号梁段，悬臂长度 20m，其理论挠度为 2～4mm，与实测挠度相差不大，且在测量精度误差范围内，故不作调整，按设计标高放样。第二阶段为 6 号～11 号梁段，悬臂长度约 40m，理论挠度增大到 6～12mm，因与实测挠度相符，故按理论预抬高值放样。第三阶段为 12 号～16 号梁段，其实测挂篮引起的挠度，浇注混凝土质量引起的挠度，预应力张拉负挠度均比理论计算值小，因此把预抬高值调整为 10～35mm。第四阶段为 17 号～19 号梁段，因悬臂长度增大，外界不定因素对施工影响较大，实测挠度比理论挠度大，其中浇注混凝土引起的挠度比理论值大 2～3mm，预应力张拉反挠度比设计值小 10～20mm。经专家会议研究确定增加预抬高量 20～50mm，从而保证了合拢精度。表 2-4-3 列出 17 号、18 号、19 号梁段标高调整值。从表列成桥标高差值看出，本桥竖向线形控制结果是比较好的。

西航道桥箱梁标高的调整(左幅)值(单位：m) 表 2-4-3

标高或挠度		18号墩T构						19号墩T构					
		东17号		东18号		东19号		西19号		西18号		西17号	
		理论	实际	理论	实际	理论	实际	理论	实际	理论	实际	理论	实际
标高		50.619	50.64									50.077	50.097
17号	浇筑后	-0.03	-0.033									-0.03	-0.032
	张拉后	0.024	0.012									0.024	0.015
	移挂篮	-0.005		50.704	50.734					50.962	50.994	-0.005	-0.008
18号	浇筑后	-0.035	-0.034	-0.04	-0.044					-0.04	-0.042	-0.035	-0.031
	张拉后	0.024	0.016	0.028	0.018					0.028	0.018	0.024	0.014
	移挂篮	-0.006	-0.004	-0.007	-0.005	50.779	50.821	50.84	50.885	-0.007	-0.008	-0.006	-0.006
19号	浇筑后	-0.039	-0.033	-0.045	-0.039	-0.052	-0.043	-0.052	-0.037	-0.045	-0.033	-0.039	-0.03
	张拉后	0.021	0.018	0.028	0.021	0.033	0.023	0.033	0.017	0.028	0.015	0.023	0.013
	移挂篮	0.034	0.015	0.038	0.019	0.045	0.021	0.035	0.022	0.03	0.02	0.025	0.019
中跨合拢并张拉		0.037	0.012	0.039	0.014	0.04	0.016	0.04	0.016	0.039	0.015	0.036	0.013

续上表

标高或挠度		18号墩T构						19号墩T构					
		东17号		东18号		东19号		西19号		西18号		西17号	
		理论	实际	理论	实际	理论	实际	理论	实际	理论	实际	理论	实际
边跨合拢并张拉		0		0		0		0		0		0	
拆除挂篮		0.006		0.006		0.006		0.006		0.006		0.006	
二期荷载		-0.036		-0.037		-0.037		-0.038		-0.037		-0.036	
三年徐变		-0.01		-0.01		-0.01		-0.01		-0.01		-0.01	
1/2汽车活载		-0.05		-0.05		-0.05		-0.05		-0.05		-0.05	
比较	成桥标高	50.554		50.654		50.754		50.804		50.904		51.004	
	差值	+2.1cm		+3cm		+4.2cm		+4.5cm		+3.2cm		+2.0cm	
备注													

六、实测挠度资料的整理分析

整理分析海沧大桥西航道桥预应力箱梁施工资料的实测挠度资料，可以发现其挠度变化具有很强的规律性，这些规律可概括为以下几点：

1. 挠度变化规律

浇筑混凝土后，悬臂箱梁呈下挠变形；张拉预应力后，悬臂箱梁呈上挠变形；挂篮前移后，悬臂箱梁呈下挠变形。上述各种工况下挠度变形值均随悬臂长度的增加而增大。

2. 对称性

各种工况下，同一桥墩中跨和边跨悬臂端的挠度大部分是对称的。个别情况下，中跨挠度幅度比边跨略大。

3. 没有横向扭转现象

在各工况下，同一梁段上的两个横向挠度监测点测得的挠度几乎相等，最大相差不到±1mm，说明在各工况下箱梁没有出现横向扭转现象。

4. 实测挠度与设计计算挠度的比较

1号～10号梁段，三阶段观测挠度值与设计计算挠度值吻合得最好，两者相差小于±5mm；11号～15号梁段，三阶段观测挠度值与设计计算挠度值相差±5mm～±10mm之间；15号～19号梁段，两者相差略大一些，特别是最后3个梁段，有的超过±10mm。多数情况是实测挠度值比设计计算挠度值小。

通过对海沧大桥西航道桥箱梁施工挠度变化的跟踪观测，并把实测挠度与计算挠度实时地进行比较和分析，从而确定各箱梁合理施工放样标高，据此可有效地控制悬臂箱梁的施工线形和合拢精度。在中跨合拢前，19号梁段梁底标高实测值与计算值列于表2-4-4。

中跨19号块梁标高实测结果与监控计算值的比较(单位：m) 表2-4-4

墩号	点位	实测标高	设计标高	差值	墩号	点位	实测标高	设计标高	差值	合拢误差
18号左幅	上游	50.5952	50.523	0.0722	19号左幅	上游	50.6412	50.573	0.0682	0.0040
	中线	50.8372	50.754	0.0832		中线	50.8582	50.804	0.0542	0.0290
	下游	51.0402	50.985	0.0552		下游	51.0972	51.035	0.0622	-0.0070

续上表

墩号	点位	实测标高	设计标高	差值	墩号	点位	实测标高	设计标高	差值	合拢误差
18号右幅	上游	51.065 2	50.970	0.095 2	19号右幅	上游	51.111 2	51.020	0.0912	0.004 0
	中线	51.276 2	51.201	0.074 2		中线	51.330 2	51.251	0.0792	-0.005 0
	下游	51.504 2	51.432	0.072 2		下游	51.549 2	51.482	0.0672	0.005 0

第五节　合拢段施工

一、合拢顺序与合拢温度

连续刚构桥合拢段施工过程是结构体系由双悬臂静定结构变为五跨连续超静定结构的体系转换过程,因此应选择适当的合拢顺序与合拢温度,以及相应的配重措施,防止在体系换转过程中出现过大的附加应力。

原设计合拢顺序为先合拢两边跨,后合拢中跨。因施工情况变化和抗台风的需要,经研究修改合拢顺序为先合拢中跨悬臂端,形成单跨刚构桥,待西锚21号跨和22号跨完成后,最后合拢东边跨,形成设计体系。

合拢时间选在凌晨2:00,温度变化较小的时刻。

二、中跨合拢段施工工序

中跨合拢段施工顺序如下:19号梁段混凝土张拉→撤除左右边跨挂篮的底篮、内外模→主桁架作边跨配重→撤除18号中跨墩整个挂篮→前移19号墩挂篮的底篮及外模→撤除19号墩中跨挂篮主桁架→18号、19号墩中跨左右幅砌配重水池,并注满水→焊接劲性骨架→绑扎底板、腹板钢筋、底板波纹管→前移19号墩中跨内模→绑扎顶板钢筋、横向波纹管→浇注中跨合拢段混凝土→养生→中跨底板穿束及张拉。

三、关键工序施工要点

1.模板锚固

中跨合拢段长2.0m模板采用19号墩中跨挂篮模板,把两片主桁架撤除,将底篮前后分别锚于18号墩19号梁段及19号墩19号梁段底板混凝土上,外模与内模的滑槽前后锚点分别锚于18号墩19号梁段及19号墩19号梁段顶板上,这些锚固点在浇混凝土之前均用千斤顶打紧。

2.配重

为了保持19号墩与18号墩两个悬臂端在浇注中跨合拢段混凝土时,始终保持平衡,必须按梁段质量和施工荷载设置配重,并伴随混凝土浇注过程分级撤除。中跨配重为一个底篮质量14t、外模质量6.5t、内模质量4.5t、中跨合拢段混凝土质量51t,总计76t,平均分配到两边跨。施工时采用砖砌水池蓄水作配重。水池容量为5m×5m×1m,水重加砖重共计25.5t,左右幅共设水池4个,水池底部装有漏水管,在中跨混凝土浇注过程中逐渐放水,质量一加一减,保持结构平衡。

3.劲性骨架

1)中跨左右幅增设劲性骨架8排,采用2×[20槽钢拼成,劲性骨架两端预埋在19号梁段腹板内,中间设置一段"后焊接段",待模板及配重设置好后,在凌晨0:30温度最低时固焊"后焊接段"。

2)选择在凌晨2:00,一天温度最低时浇注混凝土,且应在2~3h内浇注完全部混凝土。

3)浇注顺序为先底板,再腹板,最后顶板,为防止浇注腹板混凝土时底板翻浆,故采用压板加压浇注。

4)浇注混凝土必须加强振捣,尤其是底板波纹管集中的地方和劲性骨架内外围部分更应充分捣实。

四、边跨合拢段施工工序

西航道连续刚构桥西端17号墩处的合拢段长9.0m,利用满堂支架施工。为减小支架荷载,分两层浇注,第一层浇注高度1.3m,第二层浇注高度1.2m。

东端合拢段结合20号~21号箱梁施工完成。分三次浇注,第一次浇注20号~21号箱梁下层,浇注长度为35m+7m+2m=44m,浇注高度1.3m;第二次浇注长度35m+7m=42m,浇注高度1.2m,随后进行预应力张拉;第三次浇注长度2m,浇注高度1.2m,即把第二次浇注留下的缺口补满。

边跨合拢段施工流程为:

装底模→装外模→测量复核→绑扎底板、腹板钢筋→安装预应力系统→装内模→浇第一次混凝土→养生→装顶模→绑扎顶板底层钢筋→装横、纵向波纹管→装顶板顶层钢筋→测量复核→浇注第二次混凝土→养生→预应力张拉→第三次浇注长度2m的缺口

因中跨合拢后,体系已趋于稳定,且边跨合拢段采用满堂支架施工,故可不设配重,也不设劲性骨架加强,但应把中跨上的所有施工设备拆除。

第三篇　科研试验

第一章　结构分析

第一节　结构分析要点和计算结果分析

一、连续刚构弯箱梁桥分析要点

为了使结构分析接近桥梁结构真实工作状态,抓住影响结构的主要因素,简化结构计算图式,是十分重要的。采用曲线梁桥有限元法,同时考虑荷载横向分布的影响,可以较好地反映连续刚构弯箱梁受力的真实工作状态,其结构分析要点如下:

1.根据曲线梁桥设计理论,采用高精度圆弧曲杆有限元法进行内力分析。

2.沿桥梁纵向把连续刚构弯箱梁划分成22种截面类型,以模拟弯箱梁截面高度的连续变化;在横向把截面划分为两个工字型截面的主梁,其横截面几何性质按考虑翼板共同作用宽度后的截面几何形状计算。

3.在各种荷载作用下,均按8种工况输出弯矩、剪力、扭矩(或左右剪力流)和轴力;8种工况是:上缘(下缘)应力最大(最小)时的内力组合及相应的其它内力;剪力最大(最小)时的内力组合及相应的其它内力;扭矩最大(最小)时的内力组合及相应的其它内力。

4.按A类部分预应力混凝土构件设计原则计算预应力度。其中,施工阶段应力验算只考虑恒载(不包括桥面铺装层)和预应力的联合效应(此时认为徐变尚未发生而不予考虑);使用阶段的应力验算原则是考虑全部恒载、活载和预应力的联合效应(此时已计入徐变的影响)。参考有关文献建立连续刚构弯箱梁各主梁的压力线限制区,如果计算得到的压力线位于压力区内,则可保证预应力梁在任何阶段(施工阶段和使用阶段)都不会出现拉应力。

5.按空间曲线计算预应力摩擦损失。在计算张拉端锚具变形、钢筋回缩引起的应力损失影响时,考虑了反向摩阻作用;计算混凝土弹性压缩、收缩、徐变产生的预应力损失时,不仅考虑了轴向变形,也考虑了梁的竖向曲率变化的影响。

6.按有关文献计算收缩徐变影响。

7.无论在曲线梁的平面弯曲还是挠曲扭转计算中,都考虑了由于混凝土徐变而引起的内力变化,在每一施工阶段的分析中,通过迭代计算来考虑徐变引起的内力增量。

8.日照引起的温度差应力,按《桥规》(JTJ 023—85)附录五计算,即温差为+5℃(桥面板上升5℃),并在桥面板内均匀分布。

9.施工阶段和使用阶段的应力验算和强度验算均按照《桥规》(JTJ 023—85)的有关规定进行。

二、薄板单元空间有限元应力分析要点

1.箱梁桥结构是典型的薄壁空间结构,基于薄板弯曲理论采用薄板弯曲单元的空间有限元法来分

析是最通用有效的方法之一，其分析精度主要取决于如何选择合适的单元型式和如何精确模拟结构，以使离散后的结构与实际结构的性能接近。

2.本桥采用空间薄板单元模拟实桥，为了提高模拟精度及考虑到结构实际构造特点，结构离散及单元划分尽量做到：

1)保证结构的支承位置和约束条件与原设计相同。结构模拟时，尽量使薄板与结构相应部分的重心重合；在横向单元划分时，凡实桥截面厚度变化处均划分单元。

2)按各主要控制截面划分纵向单元。为了保证精度，在应力较大处，网格划分适当加密。

3)箱梁横截面的模拟精度直接影响到整个结构的模拟精度，由于结构的顶板和底板为变厚度板，为了保证精度，简化模型应注意到：

①横截面的形心位置不变；

②横截面总面积不变。

4)实桥半径为900m的弯箱梁，取内侧半幅箱梁建模，半径为892m，若采用自动网格划分法，并辅助人工局部网格划分法，建模的纵向误差仅为0.2%，可保证计算精度。

5)由于结构截面厚度变化较大，故采用分层、多色来区分各单元的几何特性，然后用单元粘结的方法建模，以保证各部分的模拟精度。

3.计算中不考虑下部结构的变形对上部结构的影响。

4.汽车荷载以集中力来模拟。

5.使用SAP93软件包对应力后处理时，除了输出常规应力外，重点处理了可视化的应力迹线、主应力和各分项应力的显示。

三、计 算 程 序

1.东南大学开发的曲线梁桥设计计算程序。

2.福州大学开发的圆弧曲杆单元有限元分析程序。

3.福州大学开发的箱形梁横向内力计算程序。

4.美国ALGOR公司开发的Super SAP计算软件包(1993年版)。

各计算程序相互间进行了校核，以力求计算结果的准确性。

第二节　计算结果与分析

一、连续刚构弯箱梁单元的划分

连续刚构弯箱梁各计算截面单元的编号见图3-1-1。计算中，把连续刚构弯箱梁沿纵向划分成22种截面类型，以模拟桥梁在纵向截面高度的连续变化；两孔42m等截面连续弯箱梁划分成2种截面类型，其中类型23为支点截面，类型24为一般标准截面。

二、主要控制截面内力

主要控制截面包括：边跨最大正弯矩截面(截面6与截面84)、根部截面(截面22与截面68)；中跨根部截面(截面26与截面64)、跨中截面(截面45)。两孔42m箱梁边跨最大正弯矩(截面116)、中跨跨中截面(截面98)以及各支点截面(截面88与截面90，截面105与截面107)。表3-1-1(1)至表3-1-1(12)列出内主梁(主梁1)的部分主要控制截面中的弯矩(kN·m)、剪力(kN)、扭矩(kN·m)。

1.1号主梁6号截面

1)恒载、温差、支座沉降产生的内力

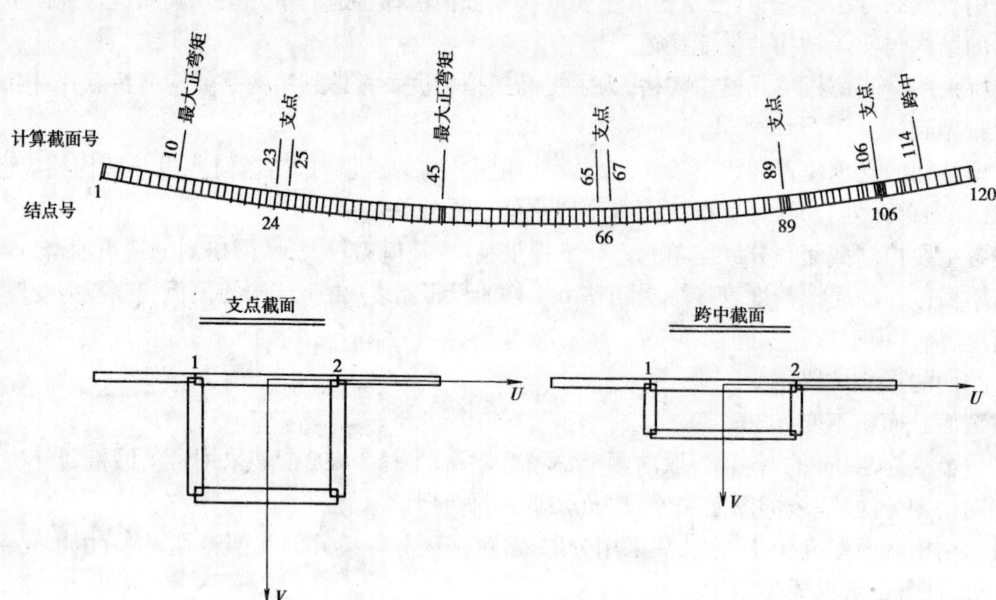

图 3-1-1　单元划分与单元截面图

表 3-1-1(1)

工　况	弯矩 (M_X)	剪力 (Q_Y)	左剪力流 (Q_L)	右剪力流 (Q_R)
恒载	14 953.900 0	－363.288 5	0.000 0	1.605 2
温差	3 523.721 0	207.434 0	0.000 0	7.969 8
支座沉降	0.000 0	0.000 0	0.000 0	0.000 0
由于混凝土收缩	$F=6.4326$(kN)			
由于温度上升	$F=-12.8652$(kN)			
由于温度下降	$F=12.8652$(kN)			

2)汽车荷载内力

表 3-1-1(2)

工　况	弯　矩(M_{xi})	剪　力(Q_{yi})	左剪力流(Q_L)	右剪力流(Q_R)
M_X 最大时	0.6 471 665 0E＋04	0.128 711 10E＋03	0.000 0000 0E＋00	－0.302 350 80E＋02
Q_Y 最大时	0.548 080 70E＋04	0.350 340 50E＋03	0.000 000 00E＋00	－0.494 127 40E＋02
T_Z 最大时	0.372 269 10E＋04	0.107 061 40E＋03	0.000 000 00E＋00	0.999 601 40E＋02
M_X 最小时	0.278 989 70E＋01	0.379 761 60E＋00	0.000 000 00E＋00	－0.265 530 20E＋01
Q_Y 最小时	0.430 705 30E＋04	－0.248 467 60E＋03	0.000 000 00E＋00	0.212 124 40E＋02
T_Z 最小时	0.402 893 10E＋04	0.319 135 30E＋03	0.000 000 00E＋00	－0.942 344 70E＋02

3)挂车荷载内力

表 3-1-1(3)

工 况	弯 矩(M_{xi})	剪 力(Q_{yi})	左剪力流(Q_L)	右剪力流(Q_R)
M_X 最大时	0.430 833 40E + 04	0.167 903 40E + 03	0.000 000 00E + 00	- 0.182 440 70E + 02
Q_Y 最大时	0.413 358 80E + 04	0.345 142 00E + 03	0.000 000 00E + 00	- 0.352 533 50E + 02
T_Z 最大时	0.386 636 50E + 04	0.983 443 80E + 02	0.000 000 00E + 00	0.217 928 70E + 02
M_X 最小时	- 0.125 149 40E - 01	- 0.601 659 10E - 03	0.000 000 00E + 00	- 0.156 040 40E - 01
Q_Y 最小时	0.319 054 90E + 04	- 0.245 592 50E + 03	0.000 000 00E + 00	0.279 465 60E + 02
T_Z 最小时	0.413 358 80E + 04	0.340 057 80E + 03	0.000 000 00E + 00	- 0.352 533 70E + 02

2.1 号主梁 22 号截面

1)恒载、温差、支座沉降产生的内力

表 3-1-1(4)

工 况	弯 矩(M_X)	剪 力(Q_Y)	左剪力流(Q_L)	右剪力流(Q_R)
恒 载	- 268 135.000 0	- 11 735.900 0	0.000 0	29.624 2
上下温差	14 867.650 0	207.470 0	0.000 0	- 10.153 2
支座沉降	0.000 0	0.000 0	0.000 0	0.000 0
由于混凝土收缩	F = 37.707 9(kN)			
由于温度上升	F = - 75.415 9(kN)			
由于温度下降	F = 75.415 9(kN)			

2)汽车荷载内力

表 3-1-1(5)

工 况	弯 矩(M_{xi})	剪 力(Q_{yi})	左剪力流(Q_L)	右剪力流(Q_R)
M_X 最大时	0.521 619 10E + 03	0.875 681 10E + 01	0.000 000 00E + 00	- 0.634 007 50E + 01
Q_Y 最大时	0.521 619 10E + 03	0.136 947 10E + 02	0.000 000 00E + 00	- 0.634 007 50E + 01
T_Z 最大时	- 0.143 332 00E + 05	- 0.437 308 20E + 03	0.000 000 00E + 00	0.967 886 70E + 02
M_X 最小时	- 0.253 214 30E + 05	- 0.116 463 70E + 04	0.000 000 00E + 00	0.397 762 50E + 02
Q_Y 最小时	- 0.202 668 40E + 05	- 0.138 738 90E + 04	0.000 000 00E + 00	0.432 897 40E + 02
T_Z 最小时	- 0.146 169 30E + 05	- 0.126 680 30E + 04	0.000 000 00E + 00	- 0.820 156 90E + 02

3)挂车荷载内力

表 3-1-1(6)

	弯 矩(M_{xi})	剪 力(Q_{yi})	左剪力流(Q_L)	右剪力流(Q_R)
M_X 最大时	0.238 654 70E + 03	0.491 320 80E + 01	0.000 000 00E + 00	- 0.338 957 50E + 01
Q_Y 最大时	0.238 654 70E + 03	0.101 478 20E + 02	0.000 000 00E + 00	- 0.338 957 50E + 01
T_Z 最大时	- 0.363 793 10E + 04	- 0.246 050 90E + 03	0.000 000 00E + 00	0.103 823 10E + 02
M_X 最小时	- 0.132 028 60E + 05	- 0.651 868 70E + 03	0.000 000 00E + 00	0.200 467 10E + 02
Q_Y 最小时	- 0.363 692 60E + 04	- 0.869 319 60E + 03	0.000 000 00E + 00	0.219 412 60E + 02
T_Z 最小时	- 0.363 692 60E + 04	- 0.844 645 40E + 03	0.000 000 00E + 00	- 0.218 234 30E + 02

3.1号主梁26号截面

1)恒载、温差、支座沉降产生的内力

表3-1-1(7)

工况	弯矩(M_X)	剪力(Q_Y)	左剪力流(Q_L)	右剪力流(Q_R)
恒载	-315 629.500 0	12 795.050 0	0.000 0	-35.705 9
上下温差	5 511.815 0	1.316 8	0.000 0	9.026 6
支座沉降	0.000 0	0.000 0	0.000 0	0.000 0
由于混凝土收缩	$F = 239.9789$(kN)			
由于温度上升	$F = -479.9579$(kN)			
由于温度下降	$F = 479.9579$(kN)			

2)汽车荷载

表3-1-1(8)

工况	弯矩(M_{xi})	剪力(Q_{yi})	左剪力流(Q_L)	右剪力流(Q_R)
M_X最大时	0.272 802 00E+03	0.801 388 20E+02	0.000 000 00E+00	-0.125 074 00E+01
Q_Y最大时	-0.312 871 60E+05	0.194 661 20E+04	0.000 000 00E+00	-0.891 981 40E+02
T_Z最大时	-0.223 500 30E+05	0.315 239 60E+03	0.000 000 00E+00	0.110 883 60E+03
M_X最小时	-0.389 494 60E+05	0.120 909 40E+04	0.000 000 00E+00	-0.846 935 10E+02
Q_Y最小时	0.270 578 70E+03	-0.115 072 30E+02	0.000 000 00E+00	0.317 065 60E+01
T_Z最小时	-0.223 538 20E+05	0.133 714 80E+04	0.000 000 00E+00	-0.113 595 40E+03

3)挂车荷载

表3-1-1(9)

工况	弯矩(M_{xi})	剪力(Q_{yi})	左剪力流(Q_L)	右剪力流(Q_R)
M_X最大时	0.146 068 20E+03	-0.264 954 60E+01	0.000 000 00E+00	0.225 452 40E+01
Q_Y最大时	-0.353 594 90E+04	0.133 228 80E+04	0.000 000 00E+00	-0.484 112 90E+02
T_Z最大时	-0.363 949 70E+04	0.136 110 10E+03	0.000 000 00E+00	0.311 202 20E+02
M_X最小时	-0.162 189 00E+05	0.584 869 40E+03	0.000 000 00E+00	-0.434 970 60E+02
Q_Y最小时	0.146 068 20E+03	-0.303 693 50E+02	0.000 000 00E+00	0.225 452 40E+01
T_Z最小时	-0.353 594 90E+04	0.769 820 40E+03	0.000 000 00E+00	-0.484 113 00E+02

4.1号主梁45号截面

1)恒载、温差、支座沉降产生的内力

表3-1-1(10)

工况	弯矩(M_X)	剪力(Q_Y)	左剪力流(Q_L)	右剪力流(Q_R)
恒载	27 840.500 0	43.443 8	0.000 0	0.350 9
上下温差	5 559.459 0	0.273 9	0.000 0	0.077 0
支座沉降	0.000 0	0.000 0	0.000 0	0.000 0
由于混凝土收缩	$F = 40.4915$(kN)			
由于温度上升	$F = -80.9829$(kN)			
由于温度下降	$F = 80.9829$(kN)			

2)汽车荷载

表 3-1-1(11)

工　况	弯　矩(M_{xi})	剪　力(Q_{yi})	左剪力流(Q_L)	右剪力流(Q_R)
M_X 最大时	0.736 529 90E+04	0.443 168 40E+02	0.000 000 00E+00	-0.874 777 40E+01
Q_Y 最大时	0.529 282 70E+04	0.358 739 20E+03	0.000 000 00E+00	-0.617 974 40E+02
T_Z 最大时	0.456 321 60E+04	-0.880 295 20E+02	0.000 000 00E+00	0.124 413 80E+03
M_X 最小时	-0.204 491 90E+01	-0.616 341 90E+00	0.000 000 00E+00	0.186 082 20E+01
Q_Y 最小时	0.659 943 30E+04	-0.396 415 00E+03	0.000 000 00E+00	0.754 076 50E+02
T_Z 最小时	0.479 414 00E+04	-0.370 732 50E+03	0.000 000 00E+00	-0.112 233 30E+03

3)挂车荷载

表 3-1-1(12)

工　况	弯　矩(M_{xi})	剪　力(Q_{yi})	左剪力流(Q_L)	右剪力流(Q_R)
M_X 最大时	0.431 303 00E+04	-0.473 218 50E+02	0.000 000 00E+00	0.102 017 60E+02
Q_Y 最大时	0.399 400 30E+04	0.352 360 20E+03	0.000 000 00E+00	-0.658 248 60E+02
T_Z 最大时	0.384 784 10E+04	0.554 023 60E+02	0.000 000 00E+00	0.456 343 70E+02
M_X 最小时	-0.189 559 80E+01	-0.315 267 10E+00	0.000 000 00E+00	-0.338 339 40E+00
Q_Y 最小时	0.399 344 60E+04	-0.333 936 70E+03	0.000 000 00E+00	0.650 136 00E+02
T_Z 最小时	0.399 400 30E+04	0.307 229 10E+03	0.000 000 00E+00	-0.658 248 80E+02

三、内力包络图

图 3-1-2 为弯矩包络图,图 3-1-3 为剪力包络图,图 3-1-4 为扭矩包络图。由于弯箱梁在恒载和活载作用下,会产生较大的扭矩和扭转角变形,为了与连续刚构直线箱梁比较,表 3-1-2 分别列出了弯箱梁和直线箱梁的最大内力(内主梁)比较值。

表 3-1-2

内力 \ 名称		连续刚构弯箱梁 (a)	相应连续刚构直箱梁 (b)	(a)/(b)
弯　矩 (kN·m)	max	49 437	49 239	1.004
	min	-519372	-518 407	1.002
剪　力 (kN)	max	23 529	23 633	0.996
	min	-20 834	-20 997	0.992
扭　矩 (kN·m)	max	16 686	12 517	1.333
	min	-11 607	-10 053	1.155

从表中可以看出:与相同跨径的直线箱梁相比,弯箱梁的最大弯矩(绝对值)约大 0.2%~0.4%;最大剪力(绝对值)约小 0.4%~0.8%;最大扭矩(绝对值)约大 15.5%~33.3%。因此,对西航道桥连续刚构弯箱梁的内力计算而言,在计算弯矩和剪力时,可以用连续刚构直线箱梁的设计方法来代替;但对扭矩的计算则不可以用直线梁的计算方法来代替,否则会产生很大的错误。

四、主梁压力线与压力线限制区

1.图 3-1-5 表示使用阶段各主梁的压力线和压力线限制区。从图看出压力线限制区边界有两道,这

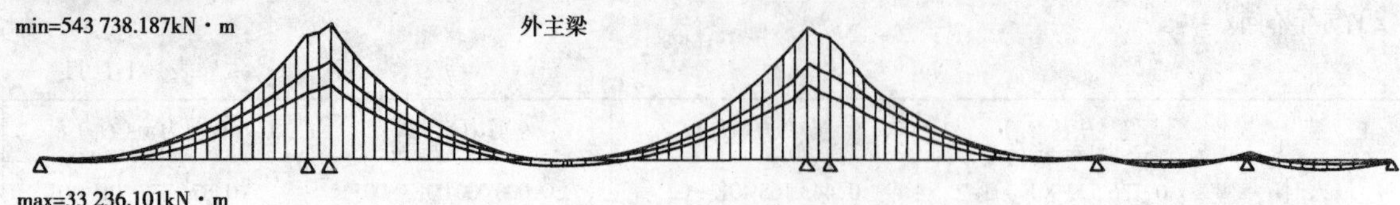

图 3-1-2 弯矩包络图

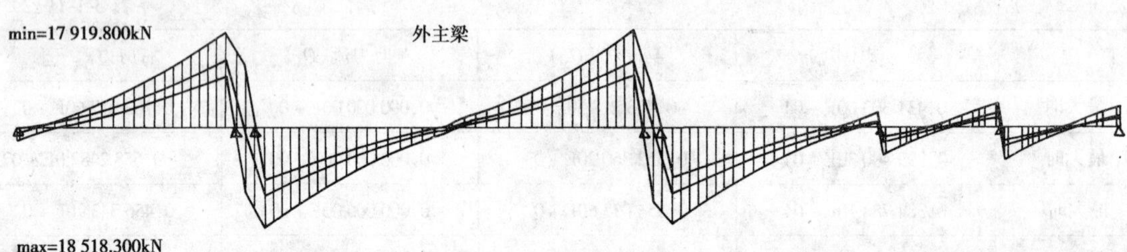

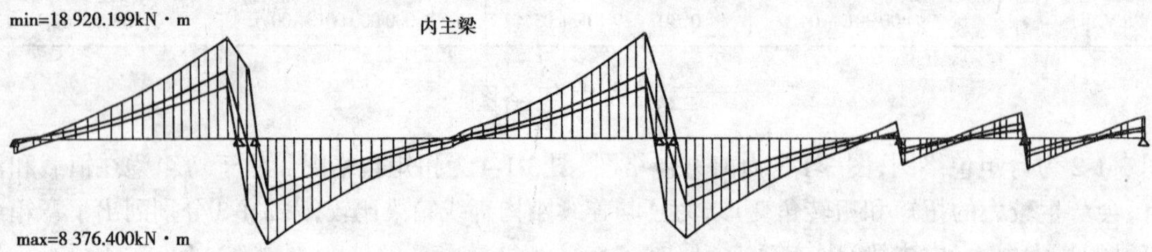

图 3-1-3 剪力包络图

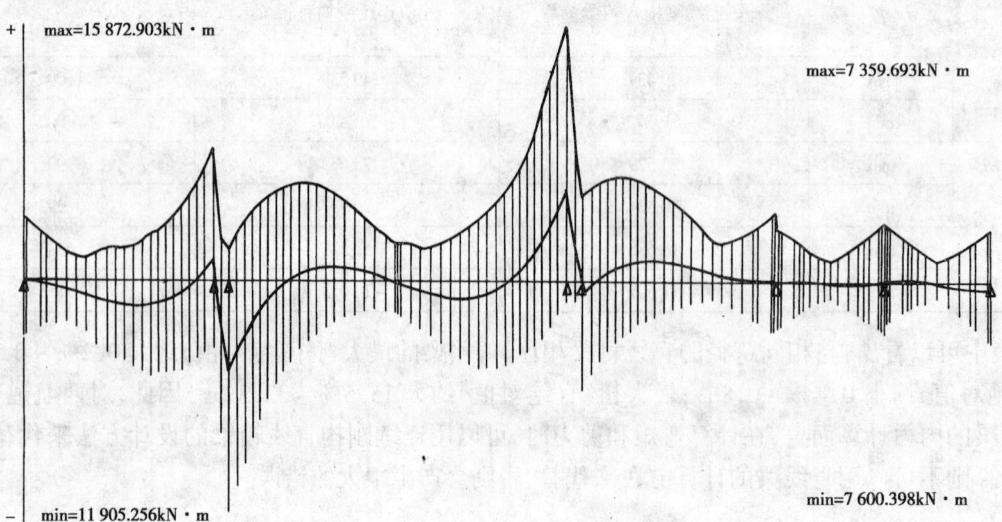

图 3-1-4 扭矩包络图

说明该桥在施工阶段和使用阶段绝大部分截面不会出现拉应力；个别截面出现的拉应力也未超过允许值。

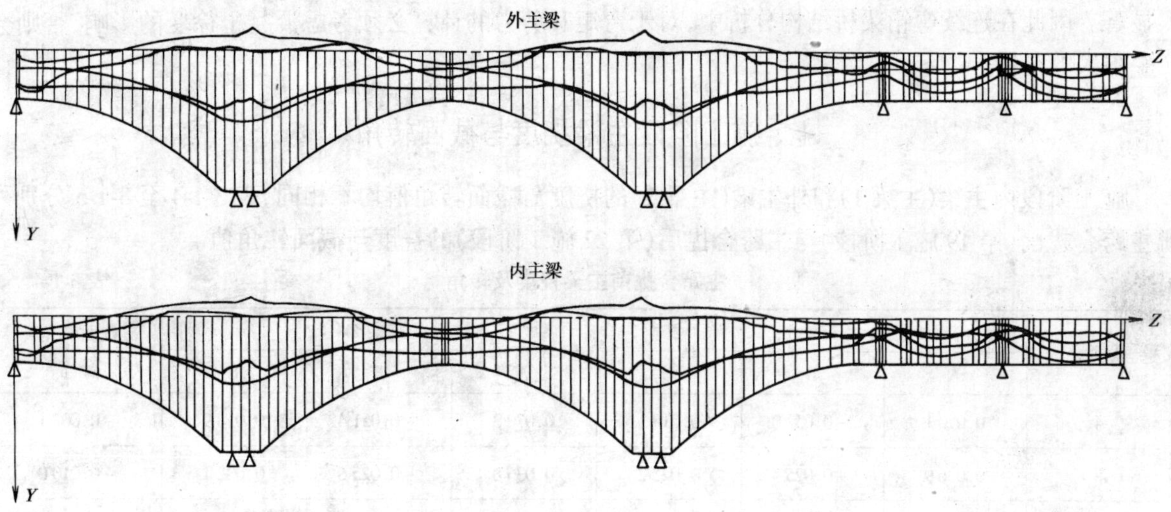

图 3-1-5　使用阶段主梁压力线和压力限制区

2.无论在施工阶段还是在使用阶段，主梁各计算截面的应力值均在允许应力范围之内。其最大的压应力为 18.0MPa，远远小于规范允许的压应力 28.5MPa（C50 混凝土）；个别截面在使用阶段出现的拉应力数值很小，在任何阶段均未超过规范允许的 -2.45MPa（C50 混凝土），表明该桥设计是偏于安全的。

五、使用阶段预应力钢索的有效预应力值

计算表明，除个别截面在 1 000 天时预应力最大损失为 30%左右之外，大部分截面的预应力损失约为 15%～25%；若只考虑混凝土的徐变影响时，1 000 天的预应力损失约为 10%左右。

六、混凝土徐变对结构内力计算的影响

混凝土徐变对结构内力的影响是个较复杂的问题，特别是经多次体系转换的连续刚构桥，采用弹性理论来分析徐变内力和变形显然是不合理的。但要精确考虑各施工阶段的实际情况来分析徐变对结构内力的影响，尚有难度。因此，本研究中仍以《桥规》（JTJ 023—85）附录四推荐的徐变公式为基础，按最常见的情况建立递推公式，并以《桥规》附录四附图 4.5 的平均值作为计算收缩徐变的根据。表 3-1-3 列出了考虑混凝土徐变及不考虑混凝土徐变两者的内力比较。

表 3-1-3

内力 \ 名称		考虑混凝土徐变 (a)	不考虑混凝土徐变 (b)	(a)/(b)
弯矩 (kN·m)	MAX	49 434	33 236	1.487
	MIN	-519372	-543 738	0.955
剪力 (kN)	MAX	23 529	18 518	1.271
	MIN	-20 834	-17 920	1.163
扭矩 (kN·m)	MAX	16 686	15876	1.051
	MIN	-11 607	-11 905	0.975

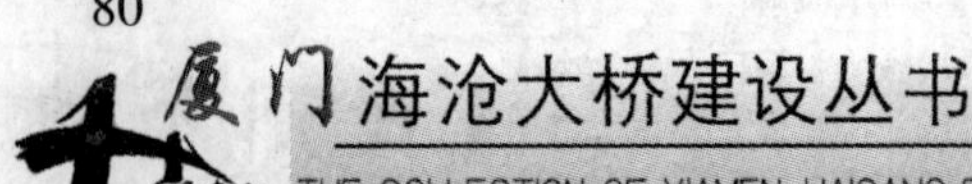

从表中可以看出,考虑混凝土徐变后的内力有正弯矩减少、负弯矩增大以及正负剪力增大的趋势,其中正弯矩减少48.7%,负弯矩增大4.5%,正剪力增大27.1%,负剪力增大16.3%,而对扭矩的影响不太显著。因此在连续弯箱梁桥结构分析中,对于弯矩和剪力的计算必须考虑混凝土徐变的影响,否则会产生很大的差错。

七、施工阶段主梁挠度与截面转角

施工阶段内主梁(主梁1)和外主梁(主梁2)的挠度与截面转角值均不相同,表3-1-4至3-1-5分别列出主跨合拢前(第19施工阶段)与主跨合拢后(第22施工阶段)的挠度与截面转角值。

主跨合拢前主梁挠度及转角 表3-1-4

截面号	主梁1			主梁2			截面转角合计
	A	B	C	A	B	C	
4	0.070 1	-0.051 0	0.019 1	0.070 3	-0.051 4	0.018 9	-0.002 1
8	0.036 9	-0.025 4	0.023 2	0.036 8	-0.025 6	0.022 1	-0.010 0
12	0.015 9	-0.011 0	0.002 5	0.015 7	-0.011 1	0.000 9	-0.014 4
16	0.005 7	-0.003 9	-0.004 2	0.005 5	-0.004 0	-0.005 9	-0.014 9
20	0.001 4	-0.000 9	0.000 0	0.001 2	-0.000 9	-0.001 5	-0.013 8
24	0.000 1	0.000 1	0.004 1	0.000 0	0.000 0	0.002 7	-0.012 9
28	0.001 4	-0.000 9	-0.000 7	0.001 2	-0.000 9	-0.002 2	-0.013 8
32	0.005 6	-0.003 9	-0.005 9	0.005 4	-0.003 9	-0.007 6	-0.014 9
36	0.015 7	-0.010 9	-0.001 4	0.015 6	-0.011 0	-0.003 0	-0.014 4
40	0.036 5	-0.025 3	0.021 1	0.036 4	-0.025 5	0.020 0	-0.010 0
44	0.068 6	-0.050 8	0.017 9	0.068 8	-0.051 2	0.017 6	-0.002 1
48	0.060 1	-0.036 3	0.038 7	0.060 1	-0.036 6	0.038 0	-0.006 3
52	0.027 7	-0.016 4	0.015 3	0.027 5	-0.016 6	0.013 8	-0.013 1
56	0.011 4	-0.006 6	-0.001 4	0.011 2	-0.006 7	-0.003 1	-0.015 3
60	0.003 9	-0.002 1	-0.002 4	0.003 7	-0.002 1	-0.004 0	-0.014 7
64	0.000 7	-0.000 2	0.003 5	0.000 5	-0.000 2	0.002 0	-0.013 2
68	0.000 3	-0.000 2	0.002 9	0.000 1	-0.000 2	0.001 5	-0.013 2
72	0.002 6	-0.002 2	-0.004 7	0.002 4	-0.002 2	-0.006 3	-0.014 8
76	0.009 0	-0.007 0	-0.005 5	0.008 8	-0.007 1	-0.007 2	-0.015 4
80	0.023 3	-0.017 2	0.008 7	0.023 2	-0.017 4	0.007 2	-0.013 3
84	0.051 5	-0.037 9	0.027 8	0.051 6	-0.038 2	0.027 0	-0.006 7
86	0.069 2	-0.052 5	0.016 7	0.069 4	-0.052 9	0.016 4	-0.002 4

注:A——本期恒载作用下梁的挠度增量(m);

B——本期预应力作用下梁的挠度增量(m);

C——恒载和预应力共同作用下梁的累计挠度(m)。

挠度的正值表示向下,截面转角的正值表示顺时针转动;截面号详见图 3-1-1 所示。

中跨合拢后主梁挠度及转角 表 3-1-5

截面号	主梁 1			主梁 2			截面转角合计
	A	B	C	A	B	C	
1	0.000 0	0.000 0	0.000 3	0.000 0	0.000 0	0.000 3	0.000 3
4	0.000 6	-0.003 0	-0.011 2	0.000 6	-0.003 0	-0.011 6	-0.003 0
8	0.000 4	-0.003 4	-0.020 2	0.000 5	-0.003 5	-0.021 4	-0.011 0
12	-0.000 2	-0.001 7	-0.028 1	-0.000 2	-0.001 8	-0.029 7	-0.014 4
16	-0.000 5	-0.000 4	-0.019 6	-0.000 4	-0.000 4	-0.021 2	-0.014 2
20	-0.000 4	0.000 1	-0.006 1	-0.000 4	0.000 1	-0.007 5	-0.012 7
24	0.000 0	0.000 0	0.004 0	0.000 0	0.000 0	0.002 8	-0.011 7
28	0.000 6	-0.000 5	0.003 2	0.000 7	-0.000 5	0.001 9	-0.012 3
32	0.001 7	-0.001 4	0.001 1	0.001 8	-0.001 4	-0.000 4	-0.013 2
36	0.003 6	-0.003 0	0.007 7	0.003 7	-0.003 1	0.006 4	-0.012 5
40	0.006 3	-0.005 4	0.030 6	0.006 4	-0.005 5	0.029 7	-0.008 0
44	0.008 2	-0.007 1	0.025 5	0.008 4	-0.007 3	0.025 4	-0.000 2
48	0.007 6	-0.006 6	0.033 9	0.007 7	-0.006 7	0.033 4	-0.004 7
52	0.004 8	-0.004 3	0.016 5	0.004 9	-0.004 4	0.015 2	-0.011 3
56	0.002 5	-0.002 3	0.001 6	0.002 6	-0.002 3	0.000 1	-0.013 6
60	0.001 1	-0.001 0	0.000 3	0.001 2	-0.001 0	-0.001 2	-0.013 2
64	0.000 3	-0.000 2	0.004 6	0.000 3	-0.000 3	0.003 3	-0.012 0
68	-0.000 2	0.000 2	0.001 2	-0.000 2	0.000 2	-0.000 2	-0.012 1
72	-0.000 5	0.000 2	-0.011 5	-0.000 5	0.000 2	-0.013 0	-0.013 7
76	-0.000 5	-0.000 3	-0.021 3	-0.000 5	-0.000 3	-0.022 9	-0.014 7
80	-0.000 1	-0.001 3	-0.018 6	-0.000 1	-0.001 4	-0.020 0	-0.013 2
84	0.000 3	-0.001 7	0.001 1	0.000 4	-0.001 8	0.000 3	-0.006 9
88	0.000 0	-0.000 1	-0.001 0	0.000 1	-0.000 1	-0.001 0	0.000 3
91	0.000 0	0.000 1	0.003 2	0.000 0	0.000 1	0.003 2	0.000 5

注:A、B、C 的意义同表 3-1-4。

第三节 横向内力分析

一、计 算 图 式

变截面弯箱梁桥的横向内力分析以及预应力钢索平面弯曲对腹板受力的影响的分析计算图式均为弹性支承平面框架，即认为在单位长度内箱型框构的变形受弯梁纵向梁体变形的约束。这种约束是由于肋板竖向挠曲与上下面板水平侧移的变形连续性产生的。框架结构可按平面杆系有限元法分析，杆段截面宽度为单位宽度，高度为所划分单元板厚的平均值,并将面板单元截面形心近似处理为在同一水平线上，如图 3-1-6 所示。

二、计算断面选定

在作最不利荷载横向内力计算与预应力横向内力效应分析时，取中跨代表性的截面作为计算截面，这些截面分别为中跨的根部截面Ⅰ—Ⅰ与 $L/4$ 跨邻近的截面Ⅱ—Ⅱ、Ⅲ—Ⅲ以及跨中截面Ⅳ—Ⅳ(如图 3-1-7 所示)，其计算结果可作为这些截面邻近区域箱梁横向配筋的依据，并可作为边跨箱梁横向配筋的参考依据。

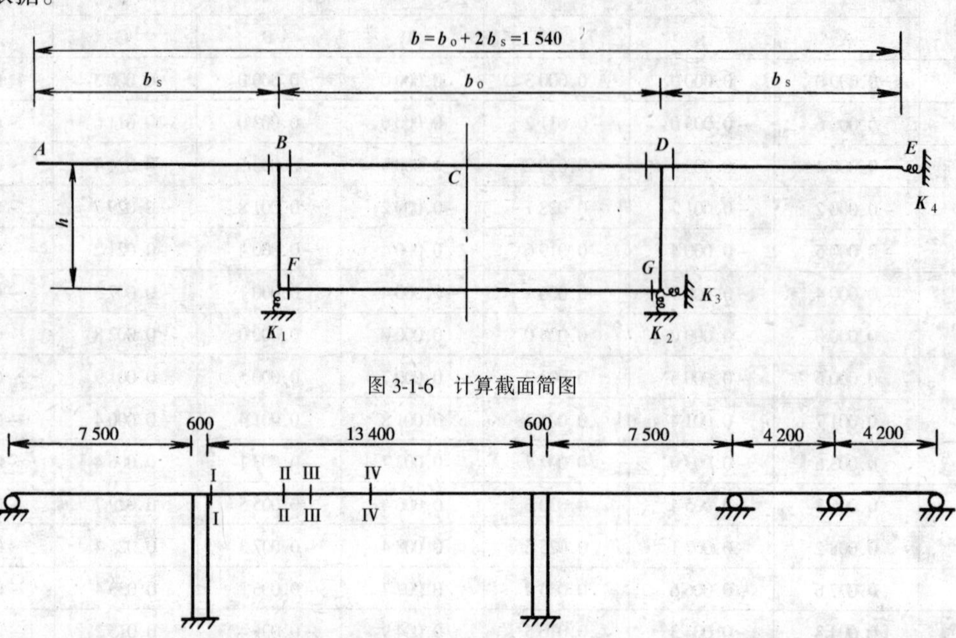

图 3-1-6 计算截面简图

图 3-1-7 计算截面位置图

三、弹性支承刚度的计算

根部附近截面挠曲与扭转位移量甚小，取其弹性刚度为无穷大，即按刚性支承情况计算。

其它截面的弹性支承刚度的计算方法为：根据不同荷载阶段，在相应梁桥体系上根据计算截面可能产生的最大竖向挠度与水平侧移情况，布置竖向荷载与相应的水平荷载，求出垂直荷载下截面的垂直挠度及扭转角、水平荷载下的水平侧移、并计算出车辆在横截面上不同布置时的荷载有效工作宽度所对应的荷载分布值。这些荷载分布值与垂直挠度及水平侧移值的比值即为对应荷载工况下的截面垂直与水平弹性支承总刚度。

肋板竖向刚度按截面扭转角求出的挠度不均匀值按比例分配，上下板水平刚度按板的厚度平均值与板宽三次方乘积的加权值进行分配。

四、计 算 荷 载

1.自重:箱梁自重（恒载一）、桥面填平层(恒载二）与桥面铺装加防撞护栏（恒载三）共三种情况。

2.预应力:计算预应力的横向内力效应时，视单位长度框架上的钢索位置不变，并根据不同截面钢索的位置、数量和钢索拉力求得该处钢索平面弯曲的径向荷载值与作用点。

3.汽车荷载：汽车荷载按《桥规》规定范围，分别在箱梁曲线外侧按外箱肋产生最大挠度情况布载(汽车一)；在两箱肋板间按面板跨中产生最大弯矩时的情况布载(汽车二)。荷载值分别为对应有效工作宽度上的分布值。

4.挂车荷载:按《桥规》规定范围，分别在箱梁悬臂板上按悬臂根部产生最大弯矩与剪力情况布载(挂车一)；在两肋板之间按面板跨中产生最大弯矩情况布载(挂车二)；在两箱肋板间按面板根部产生最大剪力情况布载（挂车三)。荷载值分别为对应有效工作宽度上的分布值。

横向内力计算荷载工况见图 3-1-8。

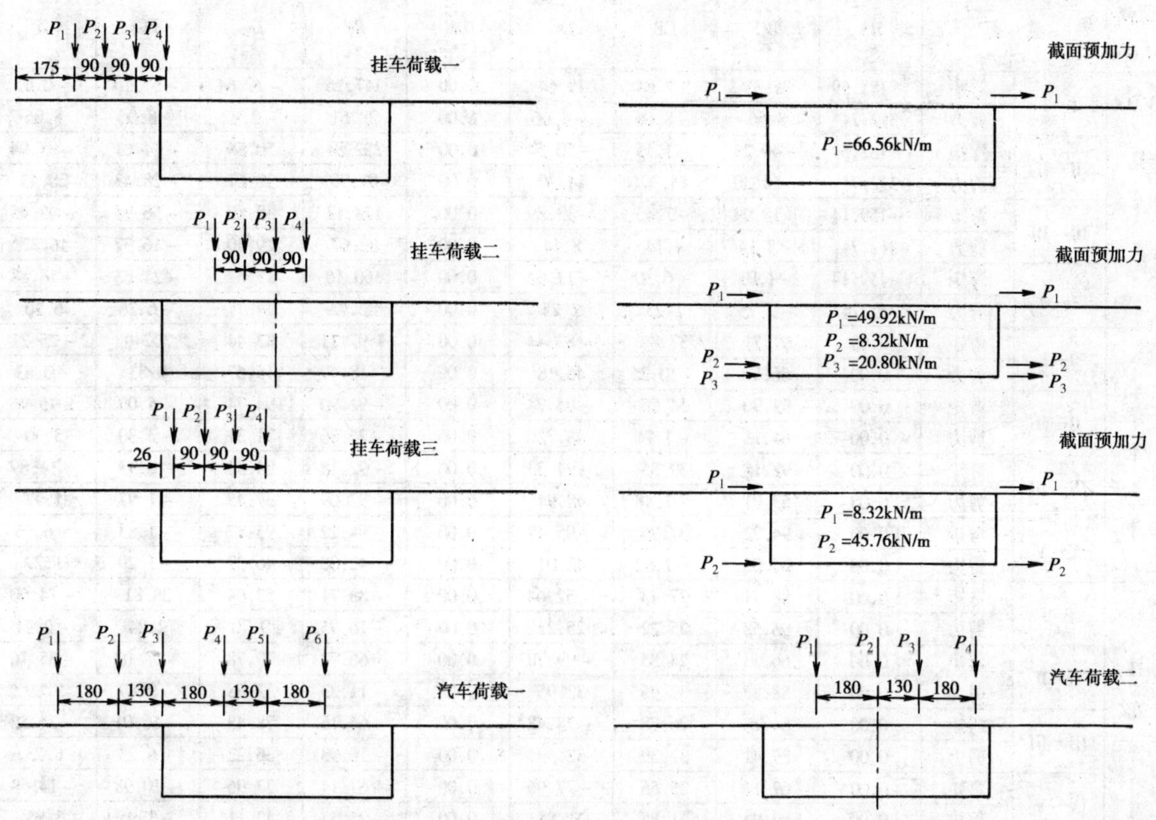

图 3-1-8 横向内力计算荷载工况图

五、横向内力汇总

按计算图式所计算的横向内力汇总于表 3-1-6。表中未给出汽车荷载工况的计算值，因为这些值乘组合系数 1.4 后仍比挂车荷载的计算值小，不控制设计。

横向内力汇总 表 3-1-6

荷载工况	截面		BA	BC	CB	DC	DE	BF	DG	FG	GF
恒载一	I—I	弯矩	-71.98	39.63	2.79	-39.63	71.98	32.35	-32.35	17.17	-17.17
		剪力	36.76	29.85	0.00	29.85	36.76	2.19	-2.19	67.47	67.47
	V—V	弯矩	-69.62	40.54	4.41	-40.23	69.62	29.07	-29.59	25.93	-25.64
		剪力	36.16	30.82	-0.08	30.66	36.16	1.43	-1.79	26.04	25.96
恒载二	I—I	弯矩	-25.90	11.70	1.05	-11.70	25.90	14.20	-14.20	-4.37	4.37
		剪力	11.45	8.03	0.00	8.03	11.45	2.68	-2.68	0.00	0.00
	V—V	弯矩	-25.26	11.71	1.39	-12.07	25.69	13.55	-13.62	-0.37	0.30
		剪力	11.45	8.00	0.03	8.07	11.45	6.33	-6.33	-0.01	0.01
恒载三	I—I	弯矩	-59.64	14.59	-1.84	-14.59	59.64	45.05	-45.05	-13.86	13.86
		剪力	19.25	8.03	0.00	8.03	19.25	8.49	-8.49	0.00	0.00
	V—V	弯矩	-58.41	14.15	-1.05	-14.51	58.84	44.26	-44.33	-1.13	1.06
		剪力	19.25	8.00	0.03	8.07	19.25	20.63	-20.63	-0.01	0.01
预应力	II—II	弯矩	0.00	-10.86	0.15	-10.56	0.00	10.86	10.56	-13.64	-12.98
		剪力	0.00	-3.37	3.37	3.37	0.00	6.93	6.66	-4.19	4.19
	V—V	弯矩	0.00	58.59	0.19	58.97	0.00	-58.59	-58.97	32.34	32.63
		剪力	0.00	18.09	-18.09	-18.09	0.00	-41.33	-41.64	10.00	-10.00

续上表

荷载工况	截面		BA	BC	CB	DC	DE	BF	DG	FG	GF
挂车一	Ⅰ—Ⅰ	弯矩	-182.59	35.33	-7.84	19.64	0.00	147.26	-19.64	-51.13	-0.07
		剪力	312.74	8.66	-8.66	-8.66	0.00	28.61	-2.82	-8.06	8.06
	Ⅱ—Ⅱ	弯矩	-182.59	-40.25	-5.15	-50.54	0.00	222.84	50.54	-94.61	-85.94
		剪力	312.74	-14.30	14.30	14.30	0.00	89.79	38.61	-28.43	28.43
	Ⅲ—Ⅲ	弯矩	-159.14	-18.99	-7.45	-33.89	0.00	178.13	33.89	-56.98	-49.45
		剪力	312.74	-8.14	8.14	8.14	0.00	82.67	29.30	-16.37	16.37
	Ⅴ—Ⅴ	弯矩	-159.14	-1.03	-6.30	-13.62	0.00	160.16	13.62	-21.83	-18.88
		剪力	312.74	-2.25	2.25	2.25	0.00	82.72	14.77	-6.26	6.26
挂车二	Ⅰ—Ⅰ	弯矩	0.00	97.71	37.80	-83.44	0.00	-97.71	83.44	30.49	-25.21
		剪力	0.00	66.67	-10.25	46.18	0.00	-18.49	15.67	0.83	-0.83
	Ⅱ—Ⅱ	弯矩	0.00	92.90	34.55	-94.74	0.00	-92.90	94.74	-5.00	-15.96
		剪力	0.00	64.13	-7.71	48.72	0.00	-24.86	31.31	-3.30	3.30
	Ⅲ—Ⅲ	弯矩	0.00	92.18	39.35	-94.33	0.00	-92.18	94.33	-0.93	-11.89
		剪力	0.00	63.91	-7.48	48.94	0.00	-32.09	37.45	-1.97	1.97
	Ⅴ—Ⅴ	弯矩	0.00	94.22	37.75	-95.47	0.00	-94.22	95.47	-1.83	-6.55
		剪力	0.00	64.05	-7.62	48.01	0.00	-42.00	46.37	-1.29	1.29
挂车三	Ⅰ—Ⅰ	弯矩	0.00	88.71	27.43	-52.64	0.00	-88.71	52.64	28.81	-14.60
		剪力	0.00	96.58	25.22	25.22	0.00	-16.95	9.70	2.24	-2.24
	Ⅱ—Ⅱ	弯矩	0.00	66.73	24.85	-79.78	0.00	-66.73	79.78	-27.03	-35.76
		剪力	0.00	88.85	32.95	32.95	0.00	-11.23	32.68	-9.89	9.89
	Ⅲ—Ⅲ	弯矩	0.00	64.16	26.78	-78.48	0.00	-64.16	78.43	-16.01	-24.52
		剪力	0.00	89.41	32.39	32.39	0.00	-16.93	36.22	-6.23	6.23
	Ⅴ—Ⅴ	弯矩	0.00	67.14	25.55	-77.96	0.00	-67.14	77.96	-10.98	-14.68
		剪力	0.00	89.95	31.85	31.85	0.00	-25.53	42.11	-3.95	3.95

注：弯矩单位：kN·m；剪力单位：kN。

六、计算结果分析

应当指出，在框架结构计算中，当将车轮荷载按集中力布置时，荷载作用点的内力是偏大的，故应在车轮着地宽度内按抛物线削去弯矩峰值，用折线削去剪力峰值。同时在肋板厚度范围内的面板内力也应削峰，否则偏于保守。

根据计算结果，可得如下结论：

1.虽然连续刚构弯箱梁的弯曲半径较大，但由于中跨跨径较大，预应力的横向内力效应十分明显，所产生的箱肋间面板、肋板、底板的横向内力与挂车荷载所产生的箱肋间面板、肋板、底板的横向内力的效应为同一数量级。

2.在恒载作用下，箱梁悬臂板根部的负弯矩很大，其值超过汽车荷载作用在悬臂板上的效应值。

3.挂车荷载作用在箱肋间面板上时肋间面板根部的负弯矩较大。

4.挂车荷载作用在悬臂板上，悬臂板根部负弯矩最大。

5.箱肋间面板跨中部分在恒载作用下的弯矩很小，在活载作用下的正弯矩也不大，这是因为面板中部板厚较薄，自重较轻而刚度较小的缘故。

第四节　零号块空间应力分析

一、结构概况

零号块为双轴对称结构(图 3-1-9)，应采用三维块体单元进行空间应力分析。根据圣维南原理，零号块的应力分布只与邻近区域的应力状态有关，远离零号块区域的应力状态对其应力影响很小，所以取出零号块及邻近梁段再考虑附近区域的作用，即可满足计算要求。

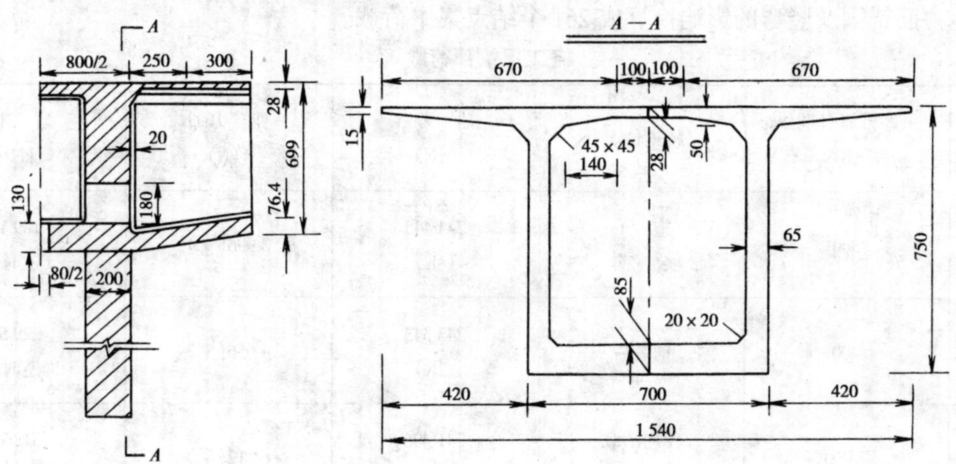

图 3-1-9　零号块结构图

附近区域对零号块的影响可以通过在计算模型的纵向端面（27 截面）上施加相邻梁段作用于该端面的内力来体现，此外，还要同时考虑零号块的自重和锚固于该段内的钢索预应力。

二、结构分析模型及计算工况

零号块模型为 6 128 个块体单元，8 422 个结点，结构有限元网格划分如图 3-1-10。

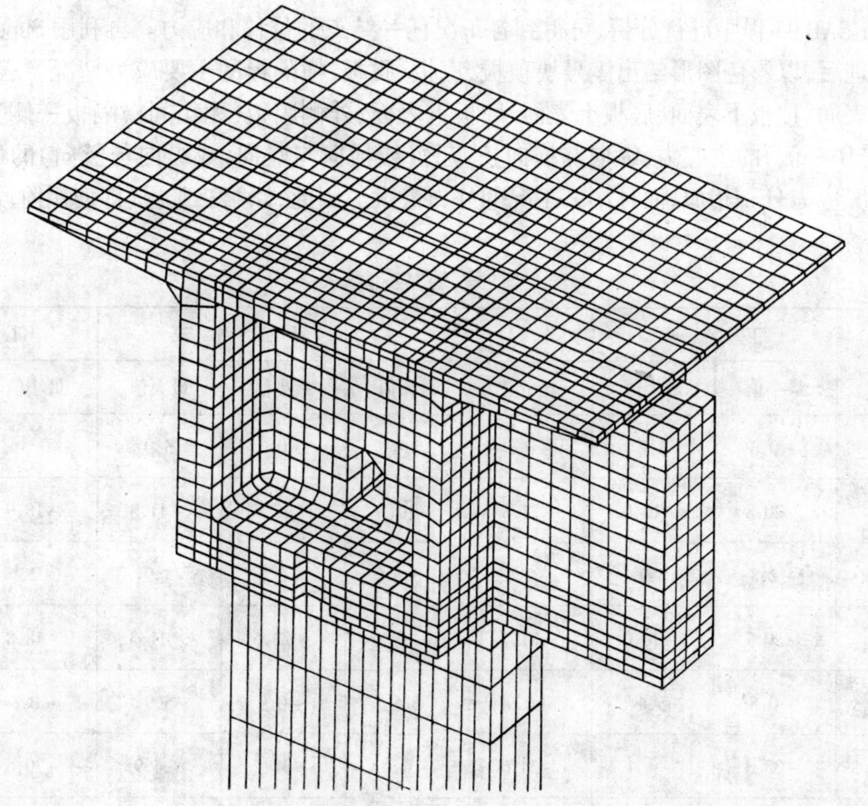

图 3-1-10　0 号块计算模型（局部）

由于所分析桥梁纵向近似为双轴对称结构，所以在模型端面施加纵向对称约束，即纵向位移为零；在箱间横隔板端部加横向对称约束，即横向位移为零，在墩底取为固定约束，即三个方向的线位移均为零。

荷载计算取四种工况，见表 3-1-7。同时考虑了模型段的自重和预应力筋锚固、平弯的影响，将模型段内的预应力筋锚固及竖弯的影响换算成 261 个结点集中荷载。

各工况端部荷载 表 3-1-7

工况	时段	距开工日期 (d)	桥梁情况	轴力 N (kN)	剪力 Q (kN)	弯矩 M (kN·m)
1	19	300	施工合拢前	244 445 (压)	3 996(↓)	189 106 (逆时针)
2	27	400	铺装后	243 343 (压)	4 056(↓)	229 564 (逆时针)
3	29	1 000	使用活载弯矩最大	241 406 (压)	6 112(↓)	312 788 (逆时针)
4	29	1 000	使用活载弯矩最小	241 406 (压)	6 112(↓)	131 551 (逆时针)

三、有限元法分析结果

应用 Super-SAP.93 程序进行分析，可得到各工况任一结点的位移和应力。再利用 Super-SAP 93 后处理功能进行处理后，以彩色图形给出零号块顶板、底板、腹板、横隔板的主要应力情况。表 3-1-8 给出各工况中顶板上表面、顶板下表面、底板上表面、底板下表面、外侧腹板(无箱间横隔板一侧)外表面、横隔板内表面(零号块一侧)的主应力，纵向与横向正应力(或横向与竖向，或纵向与竖向)的最大值与最小值。由于各工况应力分布相似，而且第三工况的外力最大。因此，以第三工况(即使用阶段)的应力情况为例，分述如下：

零号块应力 表 3-1-8

截面位置	应力类型	工况一		工况二		工况三		工况四	
		最小值	最大值	最小值	最大值	最小值	最大值	最小值	最大值
顶板上表面	σ_{max}	-0.3	3.2	-0.3	3.4	-0.3	3.9	0.3	3.1
	σ_{min}	-20.8	-10.0	-21.8	-10.5	-23.6	-11.3	-18.9	-9.0
	S_{11}	-2.3	3.2	-2.4	3.4	-2.6	3.9	-2.1	3.1
	S_{33}	-20.7	-10.0	-21.7	-10.5	-23.6	-11.3	-18.8	-9.0
顶板下表面	σ_{max}	-0.8	5.4	-0.9	5.5	-0.9	5.9	-0.8	5.1
	σ_{min}	-33.3	-4.4	-34.6	-4.6	-37.2	-4.9	-30.6	-4.1
	S_{11}	-1.9	4.4	-2.0	4.5	-2.1	4.5	-1.7	4.3
	S_{33}	-32.3	-4.1	-33.7	-4.3	-36.2	-4.6	-29.7	-3.9

续上表

截面位置	应力类型	工况一		工况二		工况三		工况四	
		最小值	最大值	最小值	最大值	最小值	最大值	最小值	最大值
底板上表面	σ_{max}	-2.3	7.4	-2.0	6.4	-1.4	4.4	-2.7	9.0
	σ_{min}	-15.2	-0.2	-13.1	-0.2	-9.2	0.03	-17.7	-0.2
	S_{11}	-5.0	7.4	-4.3	6.3	-2.7	4.4	-5.8	8.9
	S_{33}	-14.0	1.0	-12.4	0.9	-9.2	0.7	-15.9	1.2
底板下表面	σ_{max}	-0.6	6.2	-0.6	5.4	-0.5	3.6	-0.7	7.4
	σ_{min}	-11.1	0.02	-9.6	0.02	-6.2	0.02	-12.8	0.03
	S_{11}	-10.9	4.5	-9.4	3.8	-6.2	2.5	-12.5	5.3
	S_{33}	-9.5	0.8	-8.0	0.7	-5.7	0.5	-11.9	1.0
外侧腹板外表面	σ_{max}	-0.6	4.1	-0.5	3.5	-0.3	2.2	-0.7	5.0
	σ_{min}	-17.2	-2.8	-17.7	2.4	-19.0	-1.6	-16.0	-3.5
	S_{22}	-1.1	-1.0	-1.1	0.8	-3.6	1.8	-1.0	1.1
	S_{33}	-17.1	-2.3	-17.7	-1.9	-19.0	-1.4	-16.0	-3.1
横隔板内表面	σ_{max}	-0.9	5.2	-0.9	5.3	-1.0	5.5	-0.8	4.8
	σ_{min}	-18.2	0.1	-19.0	0.1	-20.5	0.2	-16.5	0.2
	S_{11}	-3.3	3.1	-3.3	3.2	-3.3	3.3	-3.1	2.9
	S_{22}	-2.9	3.5	-2.8	3.7	-3.0	3.9	-3.2	3.2

注：S_{11}、S_{22}、S_{33}为横向、竖向、纵向正应力，σ_{max}、σ_{min}为最大、最小正应力。

1.顶板应力

顶板纵向受压，加载端部的上下表面压应力均在 20MPa 左右。在翼缘部分纵向正应力缓慢减少，至对称面端压应力为 18MPa。腹板以内，纵向正应力变化比较剧烈，在下表面横隔板外压应力大于 28MPa，最大值达 36MPa，而在上表面横隔板内侧，纵向压应力减少为 11MPa。上下表面最小主应力的分布与纵向正应力分布十分相似，最大值分别为 24MPa 和 37MPa。其下表面局部应力已接近 C50 混凝土的设计强度。

在横隔板外，腹板之间顶板横向上下表面均有拉应力产生。下表面最大值位于加载端中间，达 4.6MPa。上表面最大值位于横隔板外约 1m 处和加载端面的腹板内侧边，最大值 3.9MPa。在横隔板内，腹板之间顶板横向正应力上拉下压，分别达 0.6MPa 和 1.2MPa。在腹板内边缘应力相反，即上表面为压应力 1.7MPa，下表面为拉应力 1.2MPa。这种横向正应力分布与自重作用下顶板横向正应力分布相反现象，是由于纵向轴向压力较大所致。翼缘部分横向正应力均较小。顶板最大主应力分布与横向正应力分布相似，上下表面分别达到 3.9MPa 和 5.9MPa，超过混凝土抗拉强度，但由于该应力发生于加载端，根据有限元计算特点，此值并不可靠，只能作定性参考。

2.底板应力

在横隔板之内,底板纵向正应力均为压应力,最大值不超过6.6MPa。在横隔板之外,0.7m中心线处上表面压应力达9.1MPa,为加载端的2倍。下表面压应力较小,甚至出现微小拉应力,这是由于该部分底板在纵向受压后产生向上弯曲变形所致。

在横隔板之内,底板横向正应力很小,即使在入孔边也不超过1MPa。在横隔板之外,横向正应力值较大。在加载端,上表面有4.4MPa的拉应力,下表面有6.2MPa压应力,这也是由于加载端附近底板上弯所致。

底板上表面的最大主应力和最小主应力分布与横向正应力、纵向正应力分布大致相同,数值相当。下表面除加载端中部附近区域外,应力分布情况与上表面相似,但在加载端中部附近区域,最大主应力为零,最小主应力受横向正应力和纵向正应力共同影响,最大值达6.2MPa,等于横向正应力最大值。

3.腹板应力

除横隔板内侧底板附近有小于3.6MPa压应力外,竖向正应力均为拉应力,其值不超过1.8MPa。最大正应力分布与竖向拉应力分布大致相同。纵向正应力为压应力,从下向上逐渐增至19MPa,相同高度处压应力值基本相同。

4.横隔板应力

箱内横隔板上的应力较小,拉应力小于1MPa,压应力小于2.2MPa。箱外横隔板局部拉应力可达3.9MPa,宜适当布置抗拉钢筋,压应力只在与腹板相联处达10MPa。墩上部压应力不超过3MPa。

第二章 模型试验

第一节 模型设计

一、概　述

为了探索变截面连续刚构组合弯箱梁桥的结构性能,验证设计理论和计算方法的准确性,并为充实和发展该类桥型的计算理论积累实践资料,进行了有机玻璃模型试验。

根据初步计算,连续刚构组合梁桥的连续梁跨数达一定范围之后,连续部分对主跨刚构部分的影响就较小了,故本桥模型仅选取其中四跨一联(78+140+78+42)m。试验模型按几何全相似原理设计,模型各方向上的线性尺寸均按1/50缩小,即为1 560+2 800+1 560+840mm。模型桥曲率半径18 000mm,全长6 760 mm,总高972mm。

模型桥是一个变高度、变厚度的复杂空间结构,故模型桥采用大型通用结构分析程序Super SAP(美国ALGOR公司,1993年版)的空间薄板单元进行理论计算。离散后的全桥模型共有薄板单元5 524个,节点5 567个,薄壁墩与基础采用固结。模型桥计算简图见图3-2-1。

二、测试系统

1.支点反力测定采用BCR—1型(200kg)拉应力传感器;

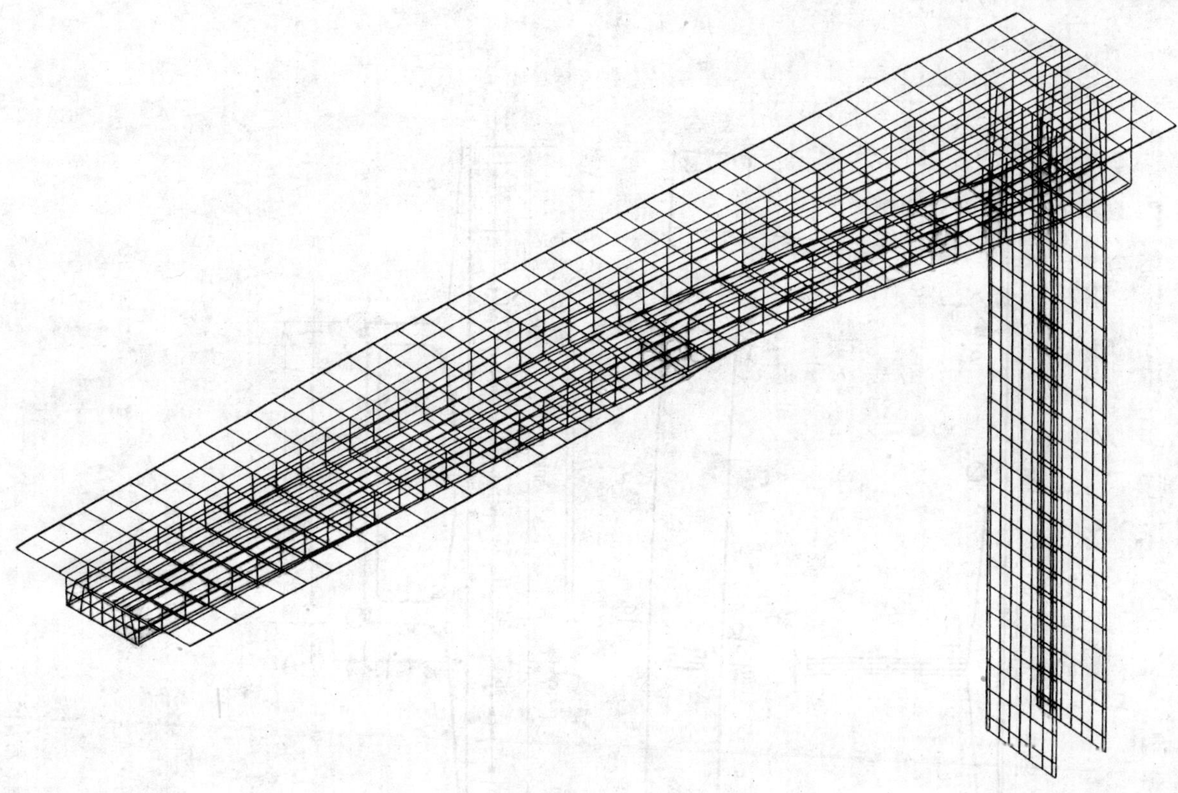

图 3-2-1 模型桥计算简图

2.竖向及侧向位移测定采用 WBD30 型机电百分表；

3.D 截面部分应变和支墩应变采用应变片测定；

以上三部分采用 IMPDAS 数据自动采集系统采集数据；

4.A、B、C、D 截面部分应变采用 YJ—22 型静态应变测量系统采集数据。

三、测点布置与加载工况

1.试验项目

1)弯曲试验时测试连续刚构桥的剪力滞效应；

2)扭转试验时测试连续刚构桥的刚性扭转；

3)测试主要控制断面在最不利荷载作用下的受力性能。

2.荷载模拟

1)实桥恒载缩小 3×10^4 倍，简化为沿箱梁肋板纵向布置的线荷载，左右对称作用在箱梁腹板上；

2)均布荷载采用挂篮等距重力加载，分别模拟主要控制断面的最不利组合情况；

3)集中荷载采用杠杆放大重力加载。

3.荷载工况和测点布置

根据初步计算和结构分析，确定模型实测四个断面，其中 A—A 断面考察主跨负弯矩区的受力性能、剪力滞效应及扭转受力性能；B—B 断面是全桥控制断面，主要考察剪滞效应、荷载有效分布宽度和扭转效应；C—C 断面主要考察刚构连续跨负弯矩区的受力情况；D—D 断面是探讨刚构连续组合跨连续梁负弯矩区的应力分布规律。除了 B—B 断面外，其余各跨的跨中截面均不控制设计，为了减少测点数及重点考察结构的主要断面，实测中不设测点，仅量测其挠度值。每个截面共布设测点 24 个，每个墩壁布设测点 8 个。全桥共设支反力传感器 6 个，位移量测百分表 19 个。模型尺寸及测点布置见图 3-2-2。

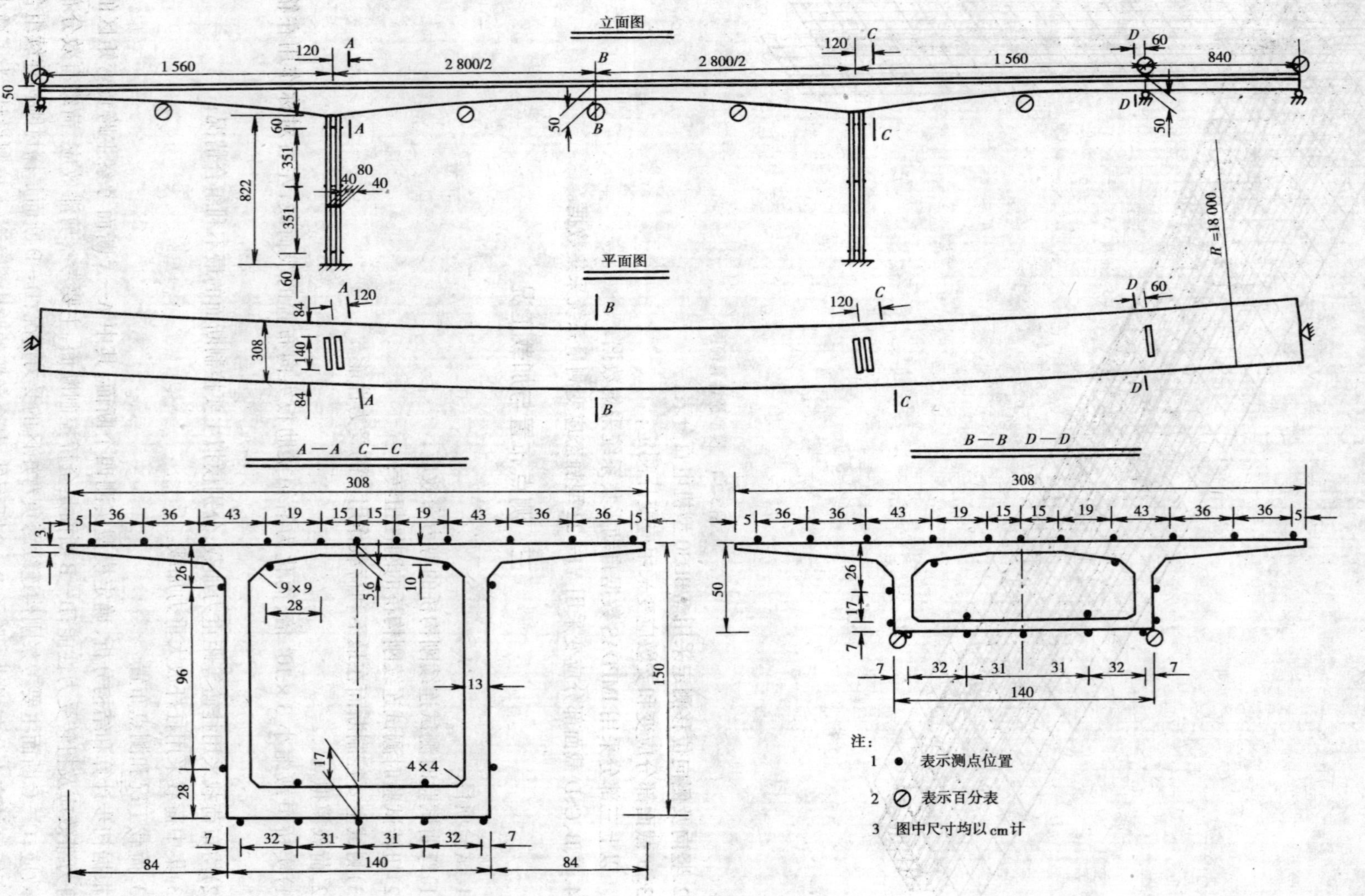

图 3-2-2 模型尺寸及测点布置图

根据上述测试项目共设荷载工况 11 个，其中对称工况 6 个，非对称工况 5 个，详见图 3-2-3。

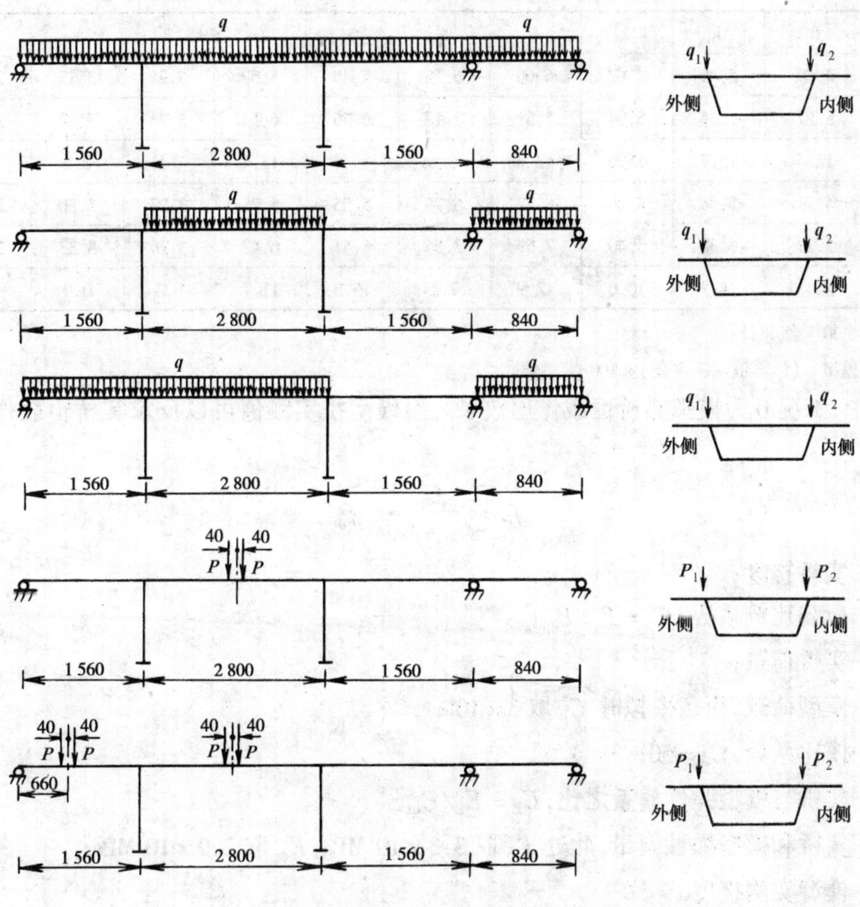

图 3-2-3　加载工况图(尺寸单位：cm)

四、数 据 量 测

有机玻璃的弹性模量与泊桑比实测值分别为 $E = 2.9\text{GPa}, \mu = 0.37$。随着气候不同以及荷载等级的变化，$E$、$\mu$ 会发生变动，但经量测变动范围不大，约为 1% ~ 2%，故在数据整理中未作考虑。测量数据的整理由自编程序进行。薄板表面应力按下式计算应变与实测应变进行对比。

$$\varepsilon_x = (\sigma_x - \mu\sigma_y)/E \qquad (横向)$$

$$\varepsilon_y = (\sigma_y - \mu\sigma_x)/E \qquad (纵向)$$

由于 YZ-22 型应变测量系统，可自动从实测应变算出应力，因此可直接由实测应力与理论值进行比较。但因测点较多，故采用 IMP 系统与之配合，按下式计算应力：

$$\sigma_x = E/(1-\mu^2) \times (\varepsilon_x + \mu\varepsilon_y) \qquad (横向)$$

$$\sigma_y = E/(1-\mu^2) \times (\varepsilon_y + \mu\varepsilon_x) \qquad (纵向)$$

第二节　理论计算值与试验结果对比分析

一、模型桥挠度分析

模型桥挠度计算值与 B—B 截面的挠度实测值列于表 3-2-1。

表中数据表明,实测值与理论计算值吻合较好。

B—B 截面实测挠度和理论计算值比较(单位:mm) 表 3-2-1

工况		0	1	2	3	4	5	6	7	8	9	10
内侧	实测	4.69	5.49	4.62	6.66	6.75	5.49	5.59	3.20	3.15	2.52	2.48
	计算	5.27	6.35	5.34	7.51	7.17	6.36	6.34	3.23	3.17	2.65	2.58
	δ	12.4	15.7	15.6	12.8	6.2	15.8	13.4	0.9	0.6	5.2	4
外侧	实测	4.71	5.58	4.88	6.72	6.76	5.55	5.75	3.25	3.30	2.53	2.60
	计算	5.29	6.38	5.40	7.59	7.24	6.41	6.42	3.26	3.33	2.66	2.73
	δ	12.3	14.3	10.6	12.9	7.1	15.5	11.7	0.3	0.9	5.1	5

注:①表中数据取三级累计;

②相对误差 δ = (计算值 - 实测值) × 100/实测值。

表 3-2-1 中,工况 0 为模拟实桥恒载作用效果。由模型桥实测值可以反求实桥恒载作用下的挠度,即实桥挠度为:

$$f_{\mathrm{p}}=\frac{C_{\mathrm{p}}}{C_{\mathrm{e}}\times C_{\mathrm{E}}}\times f_{\mathrm{m}}$$

式中: f_{p}——实桥挠度;

C_{p}——荷载比例系数,$C_{\mathrm{p}}=P_{\mathrm{p}}/P_{\mathrm{m}}$;

P_{p}——实桥荷载;

P_{m}——模型荷载,荷载模拟时 C_{p} 取 3×10^4;

C_{e}——模比系数,$C_{\mathrm{e}}=50$;

C_{E}——实桥与模型弹性模量之比,$C_{\mathrm{E}}=E_{\mathrm{p}}/E_{\mathrm{m}}$;

$E_{\mathrm{p}}, E_{\mathrm{m}}$——实桥和模型弹性模量,此处 E_{p} 取 3.3×10^4MPa,E_{m} 取 2.9×10^3MPa;

f_{m}——模型实测挠度。

由上式求得实桥挠度与实桥理论计算挠度值比较见表 3-2-2。

实测和理论计算挠度比较(单位:mm) 表 3-2-2

	模型实测挠度反算值	实桥理论计算值	相对误差 δ
内侧	247	268	8.5%
外侧	248	269	8.46%

注:①实桥理论计算值由实桥模型计算而得,下文详述;

②δ = (理论计算值 - 模型反算值)/ 模型反算值

表 3-2-2 数据说明:

1.模型试验恒载模拟效果较好,即在模型试验中根据模型桥实测挠度反求实桥挠度是可行的且有一定精度;

2.模型桥尽管为弯桥,但由于曲率半径较大(实桥曲率半径为 900m),故在恒载作用下的内外侧挠度差较小,可以将此类弯桥看作直桥处理。

二、对称荷载弯曲试验结果分析

模型桥对称加载弯曲试验的主要目的是测试控制断面的剪滞效应。现取两个实测断面 A-A(代表正弯矩区)、B-B(代表负弯矩区)进行分析比较。

表 3-2-3 和表 3-2-4 分别给出了顶板和底板两控制断面内外侧剪滞系数。

顶板剪滞系数 表 3-2-3

加载工况	A—A 断面				B—B 断面			
	内侧		外侧		内侧		外侧	
	计算	实测	计算	实测	计算	实测	计算	实测
一	1.080	1.074	1.082	1.078	1.149	1.146	1.168	1.168
三	1.122	1.125	1.128	1.124	1.130	1.137	1.167	1.166
五	1.083	1.080	1.081	1.091	1.143	1.141	1.165	1.163
七	1.115	1.094	1.100	1.103	1.168	1.169	1.187	1.199
九	1.048	1.048	1.042	1.038	1.173	1.172	1.197	1.188

底板剪滞系数 表 3-2-4

加载工况	A—A 断面				B—B 断面			
	内侧		外侧		内侧		外侧	
	计算	实测	计算	实测	计算	实测	计算	实测
一	0.977	0.975	0.993	0.990	1.109	1.113	1.127	1.130
三	0.954	0.950	0.971	0.967	1.100	1.106	1.131	1.139
五	0.964	0.961	0.987	0.983	1.108	1.104	1.130	1.140
七	0.948	0.949	0.976	0.978	1.173	1.172	1.191	1.190
九	0.953	0.950	1.000	0.992	1.176	1.177	1.186	1.185

由表 3-2-3 看出，模型桥顶板剪滞现象不显著，剪滞系数最大值为 1.199，且内、外侧剪滞系数差很小。

由表 3-2-4 可知，底板正弯矩区（B—B 断面）为正剪滞，负弯矩区（A—A 断面）为负剪滞，且正剪滞区外侧剪滞系数比内侧大，而负剪滞区内侧剪滞系数比外侧大。无论是顶板还是底板，集中荷载作用下（工况七和九）的剪滞现象均比均布荷载作用下（工况一、三和五）的显著，但总体来说，该桥剪滞效应并不显著。

三、偏心加载试验分析

模型桥试验中，工况二、四、六、八和十为偏心加载工况，主要目的是测试刚构连续组合梁桥的扭转效应。B—B 截面挠度实测和理论计算表明，扭转引起的应力偏差较小，其原因是模型桥抗扭刚度较大且试验加载偏心较小。

四、结　论

1. 根据有机玻璃模型试验实测挠度反求实桥挠度是可行的且有一定精度。

2. 模型桥尽管为弯桥，但由于曲率半径较大（实桥曲率半径为 900m），故在恒载作用下的内外侧挠度差较小，故可以将此类弯桥作为直桥处理。

3. 模型桥顶板剪滞现象不显著，剪滞系数最大值为 1.199，且内、外侧剪滞系数差很小。

4. 底板正弯矩区（B—B 断面）为正剪滞，负弯矩区（A—A 断面）为负剪滞，且正剪滞区外侧剪滞系数比内侧大，而负剪滞区内侧剪滞系数比外侧大。

5. 模型桥抗扭刚度较大，扭转引起的应力偏差较小。

第四篇　工程施工监理

第一章　监理工作总述

第一节　监理范围及监理机构

一、监 理 范 围

海沧大桥B合同段由广东省长大公路工程有限公司承包施工，由铁道部第二设计院工程建设监理公司承担工程施工监理任务。本合同段全长1 564m，其中桥梁1 328.4m，引道235.6m。里程桩号分别为K3+143.5、K3+248.5、K3+533、K4+992。监理任务包括：

西航道桥——78m+140m+78m+2×42m三向预应力混凝土连续刚构桥；

西引桥——8×42m+9×42m双向预应力混凝土连续梁桥；

西引道桥——9×25m钢筋混凝土连续梁桥；

西引道——填方路基105m(含1-2.0m涵洞)及路堑135.6m。

该标段工程于1998年1月23日开工，至1999年9月15日主体工程完工，1999年12月底通过交工验收并投入运营。

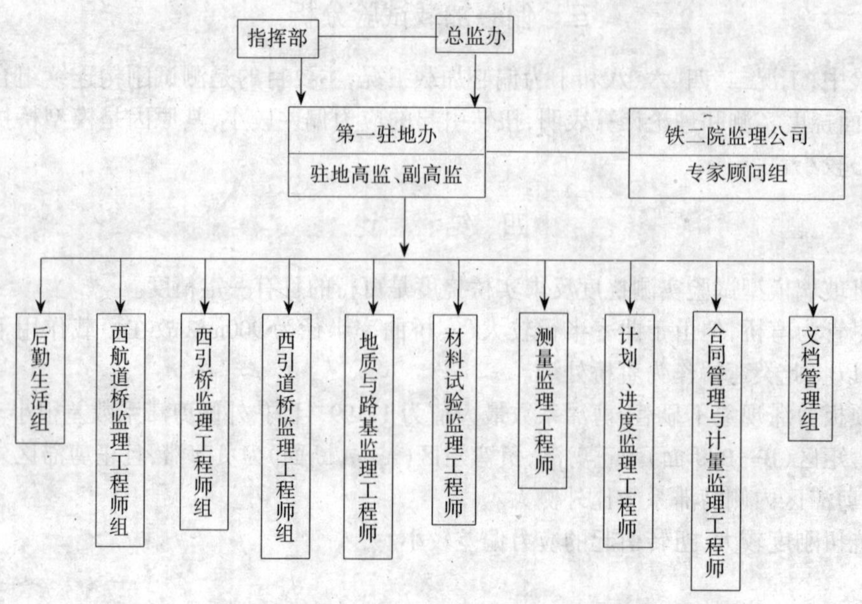

图4-1-1　第一驻地办监理机构框图

二、监 理 机 构

根据监理服务合同的要求,铁道部第二设计院工程建设监理公司组成了海沧大桥第一驻地监理工程师办公室(简称第一驻地办),驻地办设驻地高级监理和副高级监理,以下简称高监,负责B合同段现场监理工作。自1997年10月进场,进行了现场调查,学习合同文件,编制了本标段施工监理规划、监理程序和监理工作细则,详细规定了各个岗位监理人员的职责。

第一驻地办监理机构如图4-1-1所示。

第二节　工程特点、难点

1.地质构造较复杂

西航道桥位于"闽东火山断裂凹陷带"的东沿及"闽东西沿海变质带"的西南部,火山喷溢和岩浆侵入,受区域变质和动力变质作用形成断裂构造。尽管不属于活动断层,但由于桩身穿过断层给施工带来一定难度。

西引桥及西引道位于太平山南麓,其下为侵入片麻花岗岩,基岩坚硬,但埋置深度变化很大,在确定桩底承载条件和嵌岩深度时,需进行大量的分析与判断工作。

2.海水潮位变化大

西航道桥施工水域一日两潮,平均高潮位3.68m,平均低潮位-2.97m,潮差6.65m,对水上施工平台、钻孔桩护筒标高等均有较严的要求。不同潮位时的施工操作及运输等需采用不同的措施。

3.平、纵断面设计对施工提出了专门要求

西航道桥位于半径900m的圆曲线和长度75m的缓和曲线上,西引桥位于一对半径为900m的反向曲线上,纵坡2.5%。在施工中及时测量与调整控制桥面的平面弯曲、标高和外侧超高等。西航道连续刚构桥采用悬臂浇筑,线形监控是指导施工的必要措施。

4.桥梁上部结构形式多、施工方法各异

B标段桥梁基础除个别采用明挖扩大基础外,均采用桩基($D=2.00$m及$D=1.50$m)。但梁部形式较多,西航道桥为三向预应力箱型连续刚构,西引桥为双向预应力单箱单室连续梁桥,西引道桥为钢筋混凝土单箱三室连续梁。

西航道桥钻孔桩施工使用KPQ3500及KPQ2500迴旋钻机;西引桥及西引道桥钻孔桩使用冲击钻机,部分改用挖孔桩。西航道桥上部结构采用挂篮悬臂浇筑;西引桥九孔一联上部结构采用密布满堂支架施工,八孔一联和西引桥上部结构采用临时支墩和军用梁、贝雷梁作为支撑。

5.墩身高、类型多、外观要求高

西航道桥用双壁式高墩,高者达43.09m(主墩)和49.781m(边墩),西引桥用变形花瓶式薄壁墩,墩上装饰条纹要求较好的施工工艺;西引道桥双柱式桥墩圆柱直径为1.0m;各座桥从墩身到梁部的外观尺寸、形状等均需与城市景观相协调。

B合同段工程的难点是西航道桥基础及上部结构施工。其钻孔桩长达70m,在海水深达19m的水中进行桩基和承台施工;上部结构采用挂篮悬臂浇筑施工,线形监控和预应力张拉施工难度较大,对工程质量和进度起着控制作用。在以上控制性工程中,配置了较强的监理技术力量,采取了切实有力的措施,帮助监督承包人按质量标准和工期要求完成任务。

第三节　监理工作重点、目标

B合同段监理工作的重点工程项目是西航道连续刚构桥。对该项工程各个工程部位的施工,严格执行监理程序，落实控制措施。

根据《公路工程施工监理规范》(JTJ 077—94)的规定，结合B合同段的情况，监理工作应做好以工程质量为核心的“三控”，即工程质量控制、工程进度控制和工程费用控制。做到工程质量符合设计标准和规范要求，施工进度符合合同规定的工期要求，工程费用控制在合同所确定的投资范围内。为此制定了严格、具体的监理措施。

1.工程质量监理

1)督促、检查完善承包人的质量保证体系。要求承包人建立健全以质检工程师为中心的质检机构，把好工序检验、材料检验和测量放样关，落实人员，建立责任制。坚持在承包人自检的基础上，监理进行检验，完善签认手续，只有上一工序检验合格才能进入下一工序；只有检验合格的材料才能用于工程；只有质检手续完善才能进入中间交工和计量过程。

2)严格执行质量控制监理程序。工程质量控制监理程序如图4-1-2所示。

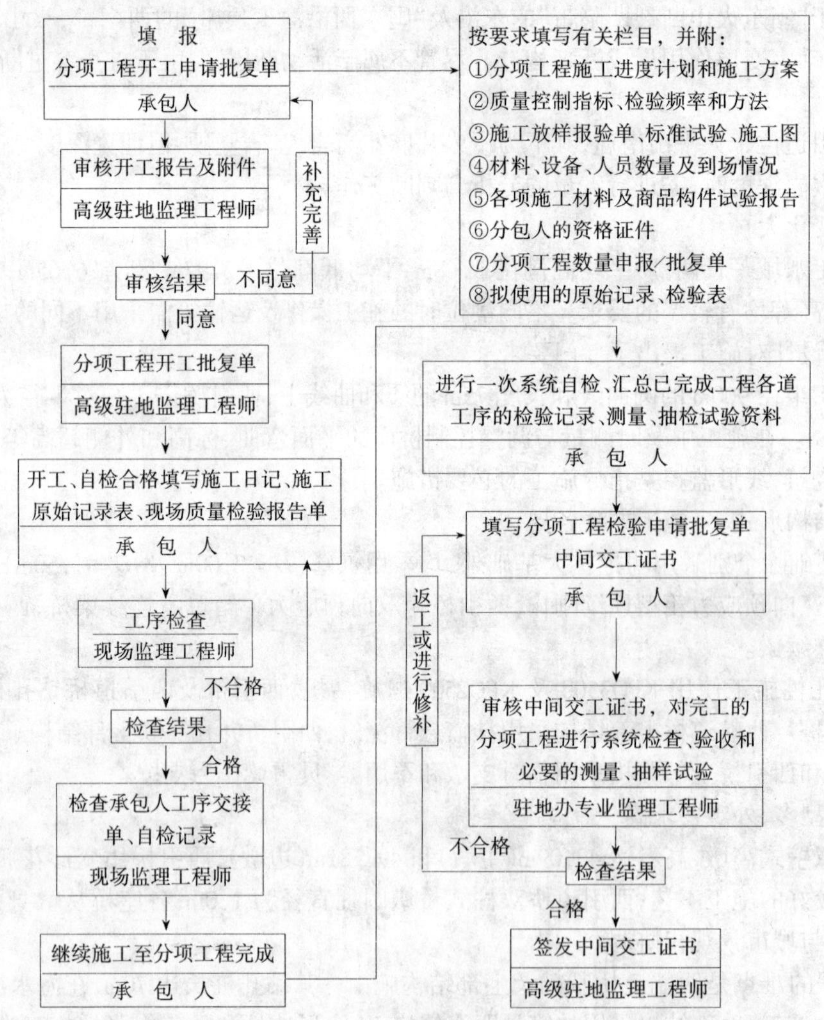

图4-1-2 工程质量控制监理工作程序框图

3)加强施工现场质量控制。隐蔽工程和重点工程部位(或环节)，除结构监理工程师全过程旁站监督外，测量监理也应跟班测量和抽查复测；材料监理旁站检查材料质量；现场监理及时纠正施工人员违规操作，必须在现场签认的资料、表格均在现场办理。

4)加强材料试验与监理抽检。首先把好材料进场关，对无质量检验合格证明的材料，坚决不准入场，进场材料要督促承包人抽检。施工时要监督承包人制作试件并进行试验，同时做好监理对各项材料与混凝土的抽样检验，以试验数据作为评定材料质量的依据，并及时统计分析材料试验结果，对工程内在质量作出动态评估。

B合同段监理抽检试验项目列于表4-1-1。

B合同段监理抽检试验情况统计 表4-1-1

抽 检 项 目	工程(材料)数量	抽检次(组)数	合格率
水下混凝土(灌注桩)	桩长5 549.10m	114组	100%
各部位混凝土(除桩外)	67 013m³	412组	100%
钢筋	8 175.788t	67组	100%
预应力钢绞线	1 255.643t	12次	100%
混凝土配合比		6次	符合要求
水泥	41 000t	30次	100%
砂	38 000m³	30次	100%
碎石	72 000m³	30次	100%

5)坚持按工程变更程序办理工程变更。在施工中优化设计和变更施工方案等情况是经常发生的，B合同段先后发生工程变更65件。不论由哪方提出的变更都不能降低质量标准，并按工程变更程序办理，且在指挥部批准确认后由监理签发变更令及变更工程量清单。

6)及时处理质量事故。在施工中发生工程质量事故时，按质量事故处理程序查清原因，论证、分析、研究处治措施，保证处治到位，不留后患。

2.工程进度监理

1)工程进度控制监理程序如图4-1-3所示。

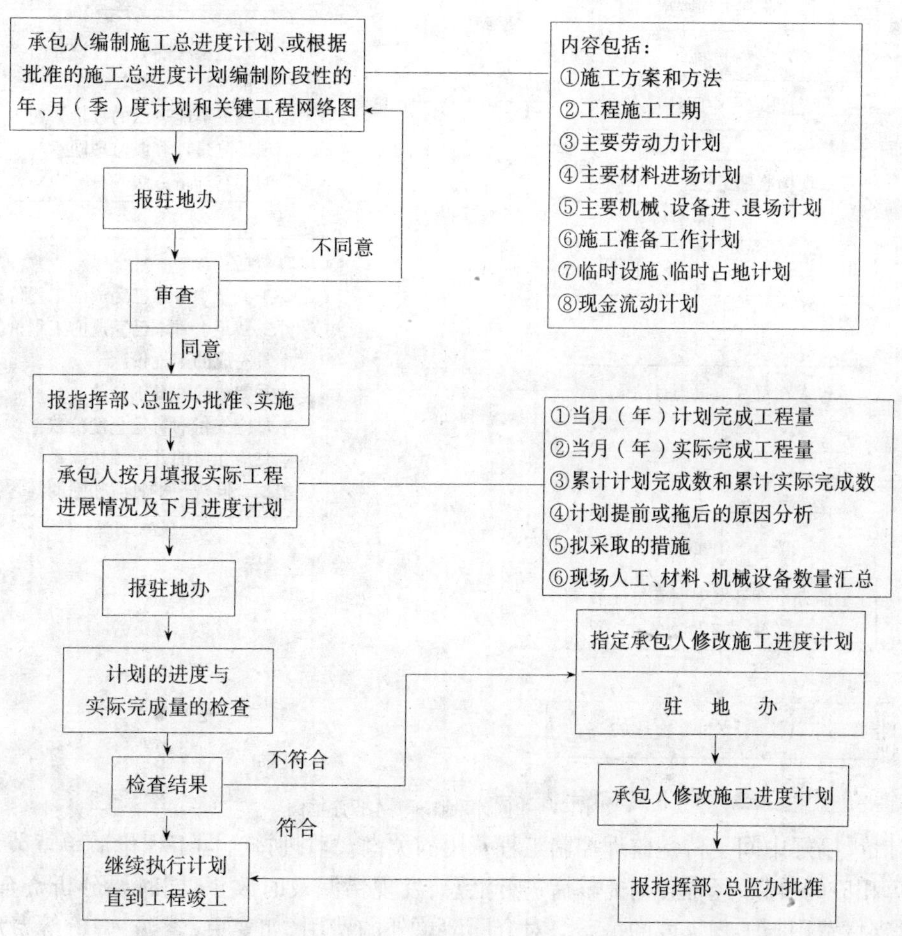

图4-1-3 工程进度控制监理工作程序框图

2)检查落实施工计划实施情况。施工组织设计必须满足合同工期要求,监理应按进度计划检查实际工程进度,做到周、旬、月按时填报工程进度表,切实掌握各项工程的进展情况。对滞后计划的工程,要督促承包人采取措施,赶上进度要求。

3)进度计划动态管理。B合同段各项工程的难度不同，投入的设备差别较大，因而从准备工作到主体开工的日期都拉开了一段时间。在控制进度时，监理分析每一工程部位施工进度滞后的原因，找出控制工期的关键，督促承包人采取积极措施调整进度。如西航道桥的桩基钻孔是控制施工工期的关键，因此要求承包人同时使用两台 KPQ3500 钻机和三台 KPQ2500 钻机抓紧施工。西引桥九孔一联改用满堂支架进行梁部施工，避免了临时支墩基础施工的困难，减少了吊装设备，加快了施工进度。

3.工程费用监理

1)搞好工程计量是监理控制工程费用的基础。计量监理工程师根据合同文件规定的原则、内容、方法及计量单位,分期进行工程计量。分项工程计量时,必须有中间交工证书,按中间计量监理程序办理。这是搞好计量与支付的基础。中间计量监理工作程序如图 4-1-4 所示。

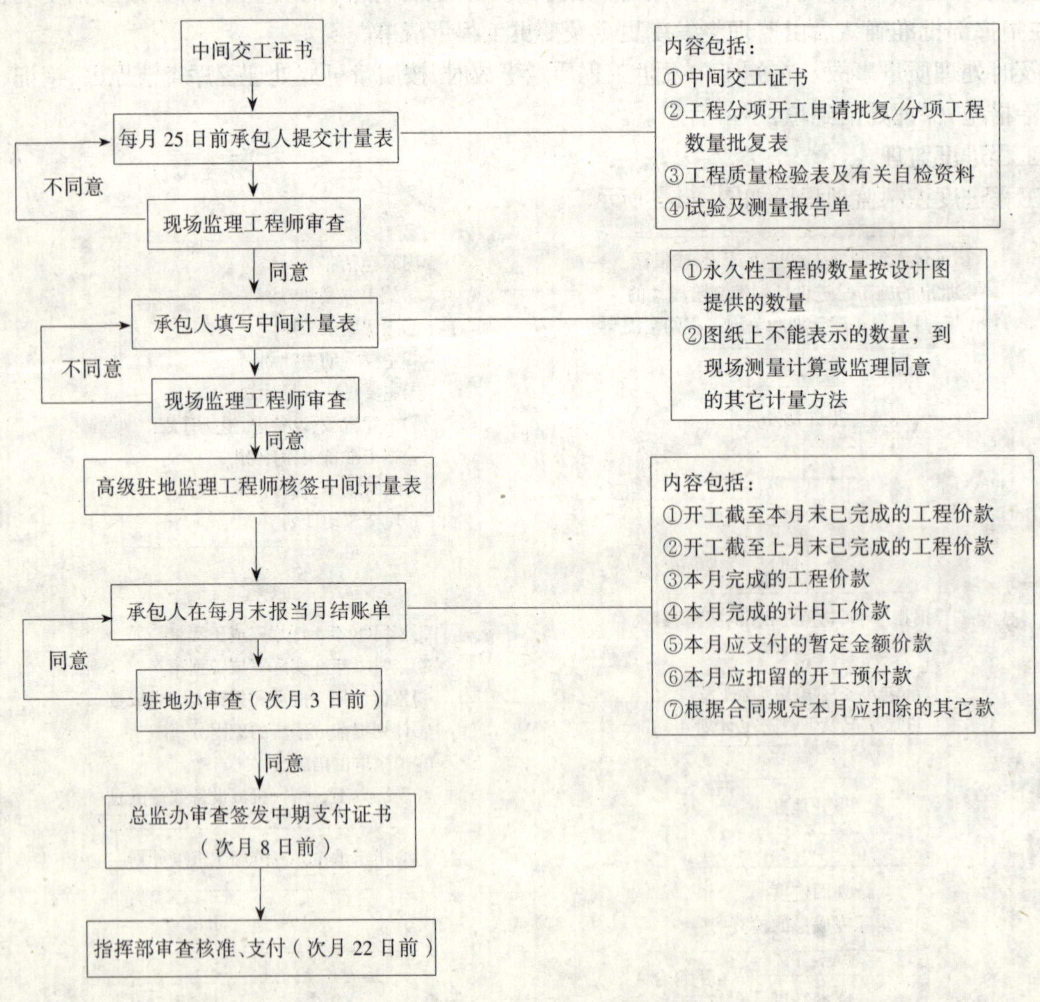

图 4-1-4　中间计量监理工作程序框图

2)验工计价,搞好中间支付是监理控制工程费用的关键。监理按合同工程量清单章节、支付号及单价等逐项计算相应的价款,经检查与复核后进行汇总,发现错漏及时改正,同时要分析资金在各项目上的分配,核对支付费用与工程进度的关系。对合同清单外的费用(如变更、索赔、调价等费用)监理应进行严格审查,着重检查每项费用成立的依据、指挥部的审批意见,有关费用的计算清单等。

第四节　计量支付与合同管理

一、工程计量与费用支付

工程计量与费用支付管理是监理的重要职责，也是投资控制的重要环节。其一，工程计量的依据是中间交工证书，经监理质量认可的工程方可进行计量；其二，工程计量是计算工程费用的主要条件，按实际完成的工程量分期支付是控制工程投资的重要措施；其三，工程费用支付情况还能客观地反映工程进度及资金分配，对控制工程进度具有重要作用。

B合同段的计量支付工作是按月分期进行的，每月25日作为工程结算日，自上月26日至本月25日，按监理检验认可的工程量进行计算，并按合同规定的手续计算工程费用，经两级监理审核后，由业主审批支付。自1998年2月至1999年10月，先后计量、支付21期。

1.工程计量

中间工程计量应注意如下问题：

1)按合同条件和合同图纸计量。海沧大桥招标文件合同条件明确规定了有关工程部位(构件)的计量原则、方法及计量单位，如按图施工的桩、承台、墩身及梁部，按设计图示的桩长(以米计)、钢筋(以吨计)、混凝土用量(以立方米计)、预应力钢绞线用量(以吨计)分别计量，且以合同工程量清单所列数量作为计量控制的基本参照。

2)分项工程的中间计量必须有中间交工证书。中间交工证书及质检资料应完整，签认手续完备，计量结果经复核无误，按合同规定计量。审查中间计量时要现场核对工程实物，避免错计与重复计量等情况。

3)工程变更必须有工程变更令及变更工程量清单。凡发生工程变更时，应根据工程变更级别，经两级监理审批，并报业主批准，驻地高监签发工程变更令和变更工程清单进行计量。同样，索赔、补偿等合同清单外的计量，必须手续健全，资料完整，经核算无误方可进行计量。

4)合同图纸不能表示的数量，应有监理现场测量与调查记录，并区别不同情况，由驻地高监、总监和业主批准。这种情况多发生在工程变更时，如西引道K3+143.5~K3+248.5路基，按照变更设计要求，经现场测量、绘图与计算，并重新编制施工预算，经驻地高监审核，报总监办与业主批准，以补充清单作为计量依据。

2.费用支付

工程费用的支付分为前期、中期和最终支付三种。

1)前期支付。如开工预付款及有关章节规定的前期预付款。按合同规定，承包人提供履约保证14天后，即可申报预付款，并按监理程序审批，业主支付。合同规定，开工预付款为有效合同价款的5%，在完成合同价的35%~85%的期限内，在中间支付中分期扣回。扣款的办法是，每完成合同价的1%，扣回预付款的2%。

2)中期支付。费用支付中大量的工作是中期支付，在中间计量的基础上按图4-1-5所示的中期支付程序办理。

3)最终支付。在工程交工后，承包人履行缺陷修补责任，并办完各项遗留问题后，由驻地高监和总监签发“缺陷责任终止证明书”，进行支付项目清理，然后进行最终支付，其手续与中期支付相同。

二、合同管理

B合同段合同管理的依据文件是《厦门海沧大桥工程项目B合同段施工合同协议书》(第97319

号)，以及该协议书的附件、补充文件：合同条件——专用条件和通用条件(第Ⅰ、Ⅱ、Ⅲ卷)，技术规范，图纸，调整后的工程量清单等，另外，还需遵循《厦门海沧大桥工程监理服务合同》(第一驻地办)、《公路工程施工监理规范》中的各项规定。

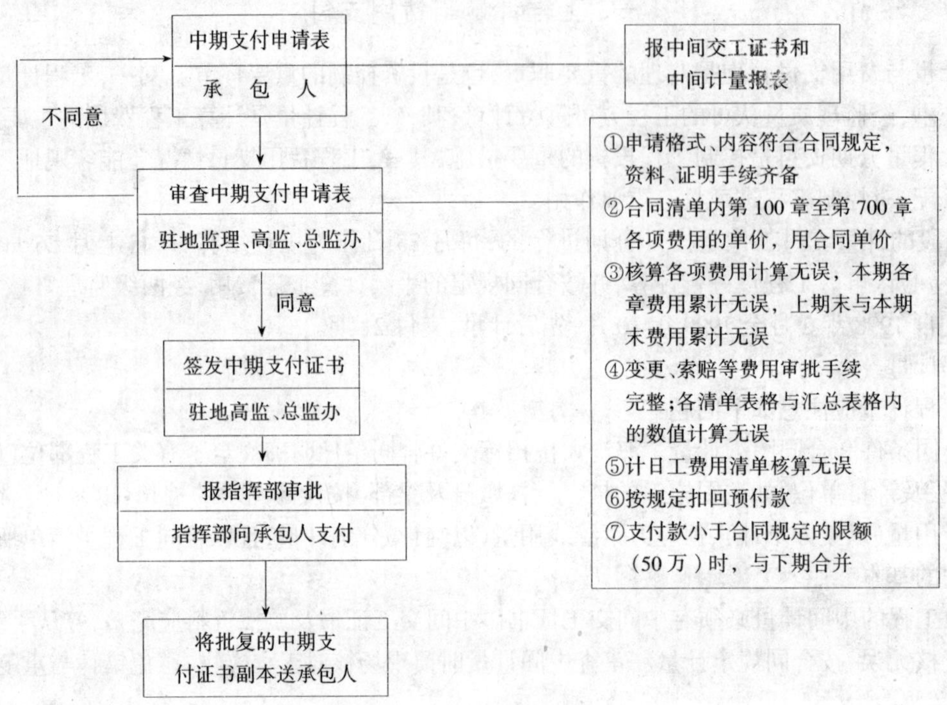

图 4-1-5 中期支付监理程序框图

1.工程变更

根据合同文件规定，在工程上或合同项目清单中，任何形式、数量、质量或内容的变动，均应按工程变更处理，任何工程变更均不得降低设计标准。

按照工程变更的程度或变更费用的多少，工程变更划分为一般变更、重要变更和重大变更三类。据合同约定：一般变更——变更费用不超过5万元，由驻地办同设计代表会商批准，报总监办、指挥部备案；重要变更——变更费用在5~10万元，由总监办批准，设计代表会签后，报指挥部备案；重大变更——变更费用超过10万元，由指挥部批准，总监办、驻地办办理。

工程变更可以由业主、设计人提出，也可以由监理、承包人或其他第三方提出，不论由谁提出，均需由驻地高监下达工程变更令(及变更工程量清单)，并监督承包人实施。

1)指挥部、设计单位、监理或第三方提出的工程变更程序如图4-1-6所示。

2)承包人提出的工程变更审批程序如图4-1-7所示。

3)工程变更费用评估

①变更工程数量的计算，以工程变更通知和图纸为基本依据，当图上不能表达时，应由监理工程师现场测量与计算。

②工程变更使用的单价。若工程变更属于原工程量清单的项目，只是数量的增减，使用清单单价；若是合同清单中未包括的项目，应以合同单价分析时所用的工、料、机价格及费率作为估价的基础，由监理、业主和承包人三方商定；若合同单价有明显不合理时，可参考承包人实际支出证明(发票、账单)重新估价。由承包人过失造成的工程变更及发生的额外费用，由承包人自负。

③单价变更的条件。一般情况下合同工程量清单中的单价是不能随意变动的。当需要变动时，必

须同时具备两个条件：工程数量的变动超过 25%，且工程单项的累计总价变动超过合同价格的 2%。

4)工程变更和修改设计

若合同文件、图纸中的差、漏、错等问题，只要不是结构形式的改变均按修改设计办理，由设计单位或承包人完成，驻地办审批，并填写“修改设计备忘录”；结构形式的改变，需重新设计出图，按工程变更办理。

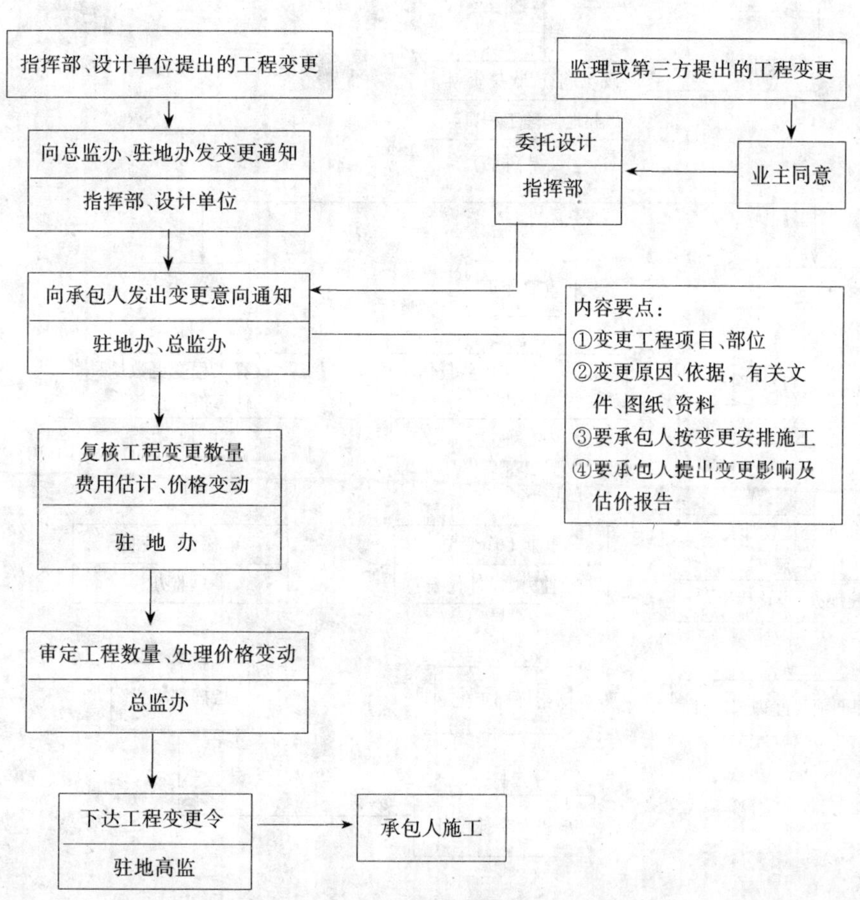

图 4-1-6 指挥部、设计、监理及第三方提出工程变更的监理程序框图

B 合同段先后发生工程变更 65 项，其中属于一般变更的 27 项，重要变更的 18 项，重大变更的 20 项。重大工程变更如原西引道 1 号桥改为路基、路堑路面宽度加宽及边坡放缓、西航道桥施工地质条件的改变、西引桥施工方案的改变等，各项变更金额有增有减，全部变更项目累计增加费用共 11 043 097 元。

2.工程延期与费用索赔

在施工过程中，由于承包人的过失或责任发生的工期延误、废弃工程或返工，以及由此引起的额外费用和延长工期，需由承包人自负，并采取措施按计划工期完成任务。由于非承包人的责任发生的工程延期或费用索赔事件，监理工程师在收到承包人通知后应立即到现场察看，并当场做书面记录，或拍照、录像，并根据合同条件与调查结果初步判定事件性质，决定是否按工程延期、索赔事件处理。

延期索赔事件涉及问题较为复杂。监理工程师需做好深入细致的工作，既要查明事由、原因，又需有正确的合同条件为依据，多方洽商、协调，公正合理地解决。处理延期索赔事件的监理程序如图 4-1-8 所示。

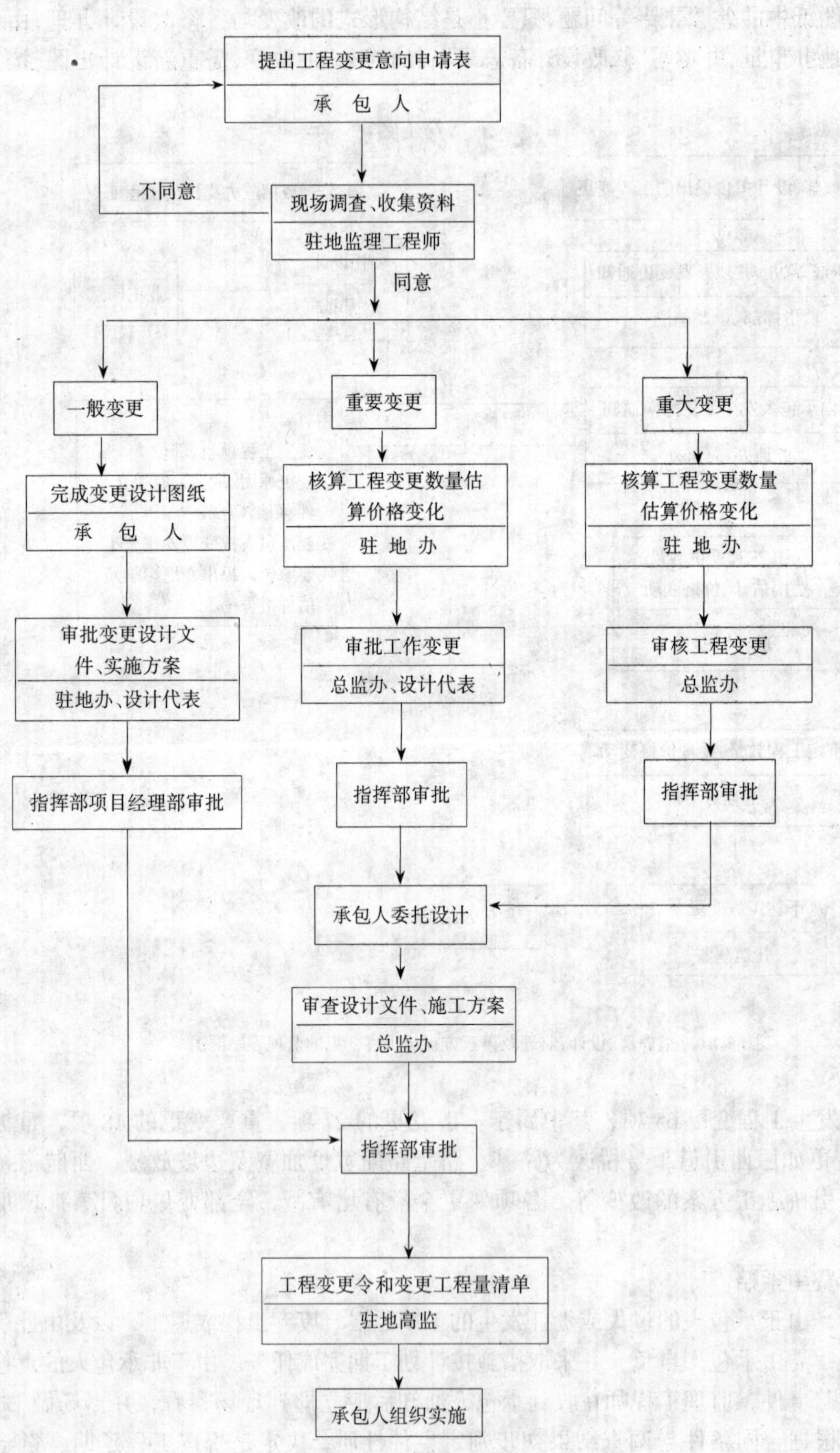

图 4-1-7　承包人提出的工程变更监理程序框图

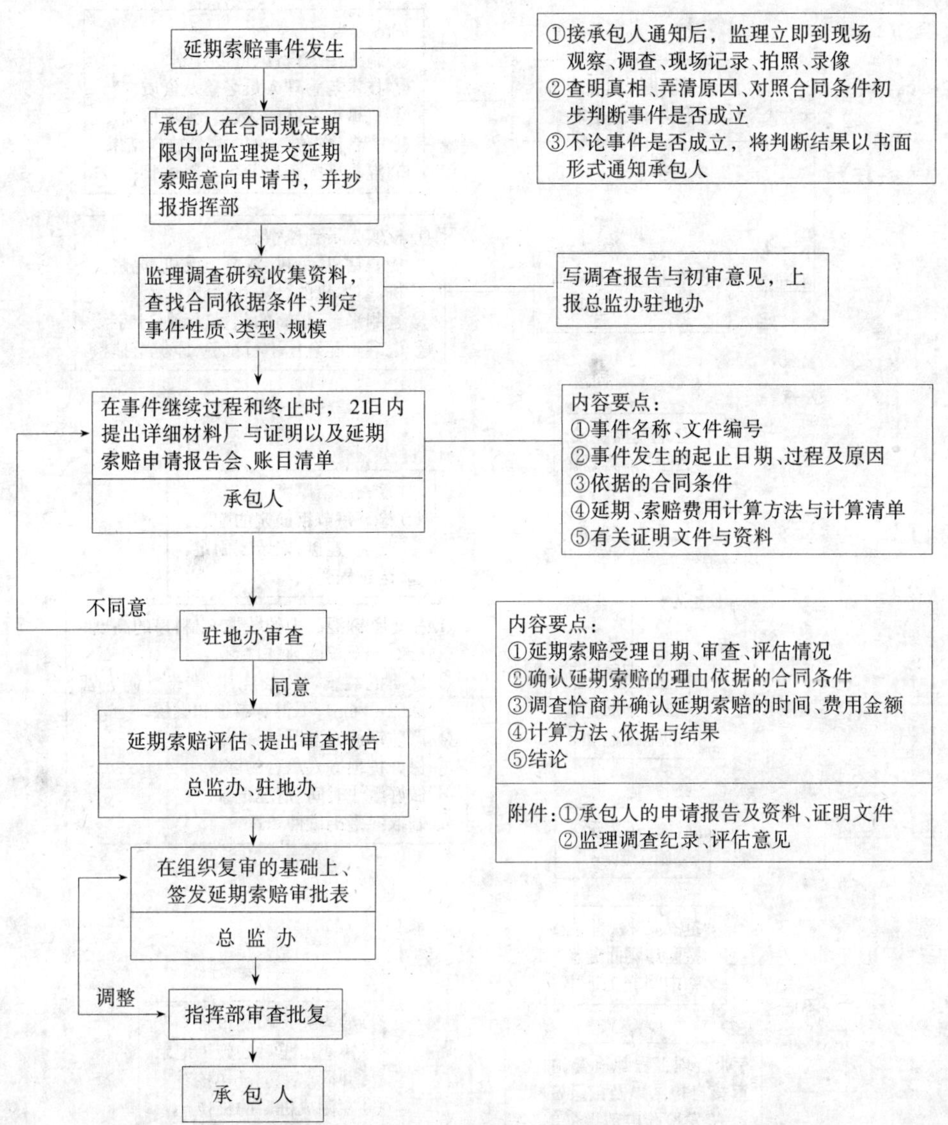

图 4-1-8　工程延期索赔监理工作程序框图

第二章　西航道连续刚构桥施工监理

第一节　下部结构施工监理

一、钻孔灌注桩施工监理

钻孔灌注桩是开工后第一个施工的重要工程部位，属隐蔽工程，施工难度大，是监理工作的重点之一。从桩位复测到钻孔(检孔、终孔)、安放钢筋笼和灌注水下混凝土，每一工序都应严格监理，监理程序框图如图 4-2-1 所示。

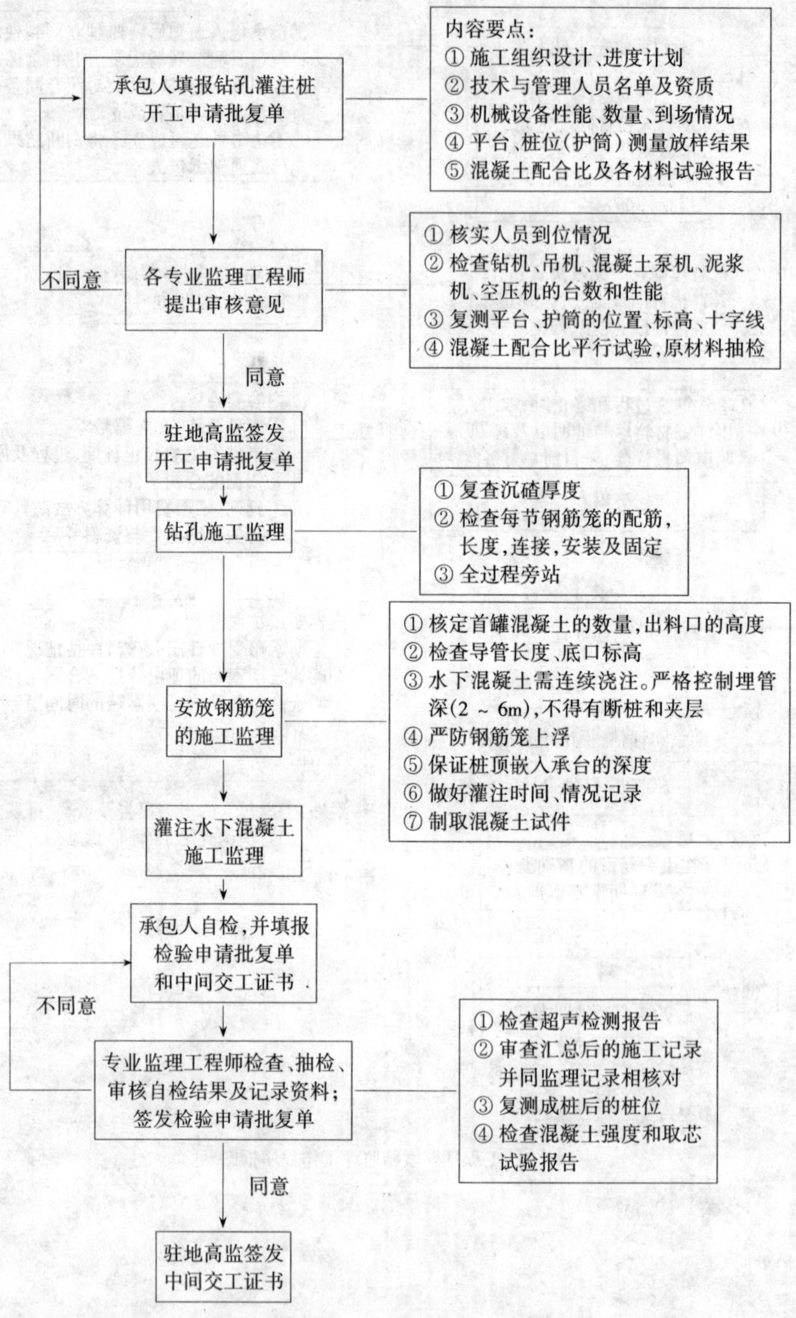

图 4-2-1 钻孔灌注桩施工监理程序框图

二、塌孔事故处理监理

西航道桥绝大多数钻孔桩施工顺利，质量优良。1998 年 4 月 7 日，18 号墩 11 号桩桩孔钻进标高为 -51.6m 时，发生了坍孔事故。驻地高监按事故处理程序立即发出暂时停工令，并要求承包人组织调查分析，提出处理方案，写出事故报告，与此同时，驻地办也独立进行事故原因调查分析，写出调查报告。在各方调查基础上，由指挥部和总监办分别组织召开事故分析、处治会议，统一认识。经多次会议认证，塌孔原因之一是 18 号墩 11 号桩护筒埋深较浅，护筒脚尚在强风化岩层，出现漏浆现象；之二是护筒内外水位差不足，标高 -49m 处地质断层破碎、层面交错，孔壁受钻进扰动而塌孔。

经多方研究，确定先按设计要求完成其它桩施工，稳定地层，然后用高压旋喷桩对桩下 -51.6m 基底进行加固。处理过程中，监理进行了全面检查与旁站，历时 10 天。旋喷桩用水泥 30t，约合每方压入 310kg。该桩计量按 32.08m 计，发生的其他费用由承包人自负。

三、承台施工监理

西航道桥 18 号、19 号墩水中承台施工难度较大，驻地办对施工方案进行了严格审查后，批准承包人采用钢套箱围堰法施工，监理按图 4-2-2 所示程序开展监理工作。

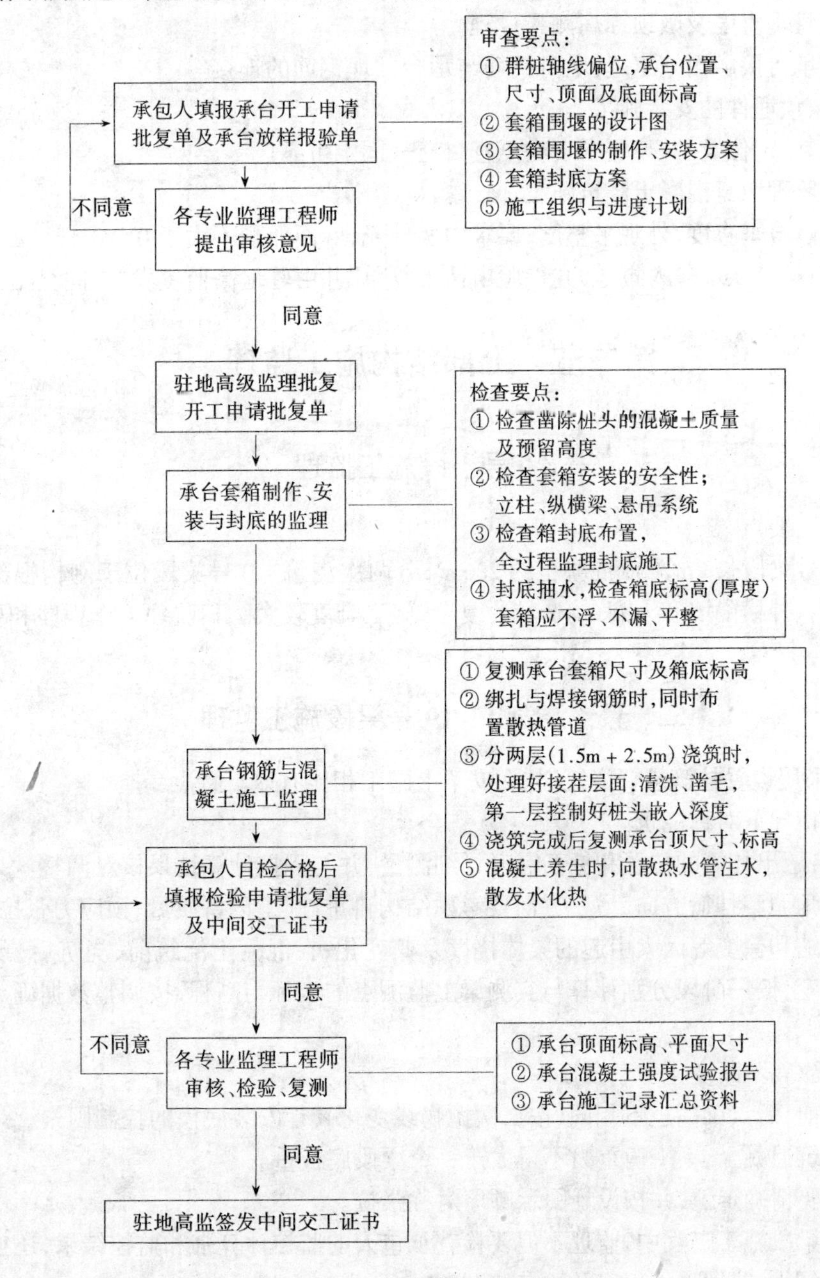

图 4-2-2 承台施工监理程序框图

四、墩身施工监理

西航道桥墩身高，断面尺寸复杂，外观质量要求高，用逐段翻模法施工。各墩结构形式及墩高列于表 4-2-1。

西航道桥桥墩墩高　　表 4-2-1

墩 号	17	18	19	20	21
平均墩高(m)	42.33	39.33	42.67	49.69	33.69
结构形式	矩形空心墩	双壁式	双壁式	矩形空心墩	壁式

现场监理要点如下：

1.检查复测墩身放样，轴线偏差与断面尺寸误差不大于规范规定。

2.旁站检查墩身垂直度及墩顶标高测量过程。

3.检查墩身与承台接触面施工缝，墩身钢筋与承台预埋钢筋的连接等。

4.检查钢筋网、预埋件的安装施工。

5.检查模板安装、定位及翻模，要求多次复查、校正、固定可靠。

6.全过程旁站监理墩身混凝土浇筑施工。

7.拆模时检查墩身垂直度、外观平整度，要求内实外光，麻面面积不大于0.2%。

8.检查施工资料，签认承包人报送的“检验申请批复单”并由驻地高监签发“中间交工证书”。

第二节　上部结构施工监理

一、0号梁段施工监理

监理工作程序及要点

西航道刚构0号梁段长9m，C50混凝土约286m³，分两次浇筑。0号梁段位于刚构根部，受力复杂，钢筋密集，且设有内、外横隔墙和人洞，构造较为复杂，施工难度较大。其监理工作程序和要点如图4-2-3所示。

二、悬臂浇筑1～19号梁段施工监理

1～19号梁段采用设置挂篮悬臂浇筑，与在支架上施工相比有以下特点：

1.在施工监控指导下对称浇筑

从1号梁段起，悬出挂篮的位置和标高需经详细测量，并与程控计算结果核对调整。一方面要按照桥梁平面弯曲的偏角调整挂篮方向，另一方面要考虑结构自重、施工设备质量、预应力张拉、日照温度变化以及混凝土的收缩和徐变等因素引起的梁体挠度及其变化，在混凝土浇筑前、浇筑后、预应力张拉后及凝土的收缩和徐变，按三阶段分别计算与实测梁上监测点的坐标与高程，按调整数据确定挂篮移动和模板定位。

2.箱梁断面(梁高)不断变化

即使同一梁段前、后点梁高也不相同(按二次抛物线变化)，是安装底模的控制因素。

3.必须对称浇筑混凝土，不平衡重力不得大于一个梁段底板重。

4.预应力管道要精确定位，并按设计图示顺序对称张拉。

挂篮悬臂浇筑梁段施工过程中，监理不但要检查承包人的监控计算书和监控结果，还独立进行计算分析，以确保施工线形。监理工作程序及要点如图4-2-4所示。

三、跨中合拢段施工监理

中跨合拢长度2.0m。经测量两悬臂梁段的轴线偏位和标高误差均符合设计要求后方可批准跨中合拢段施工。合拢段施工时间选在当天温度最低的夜间0:00～2:00进行。

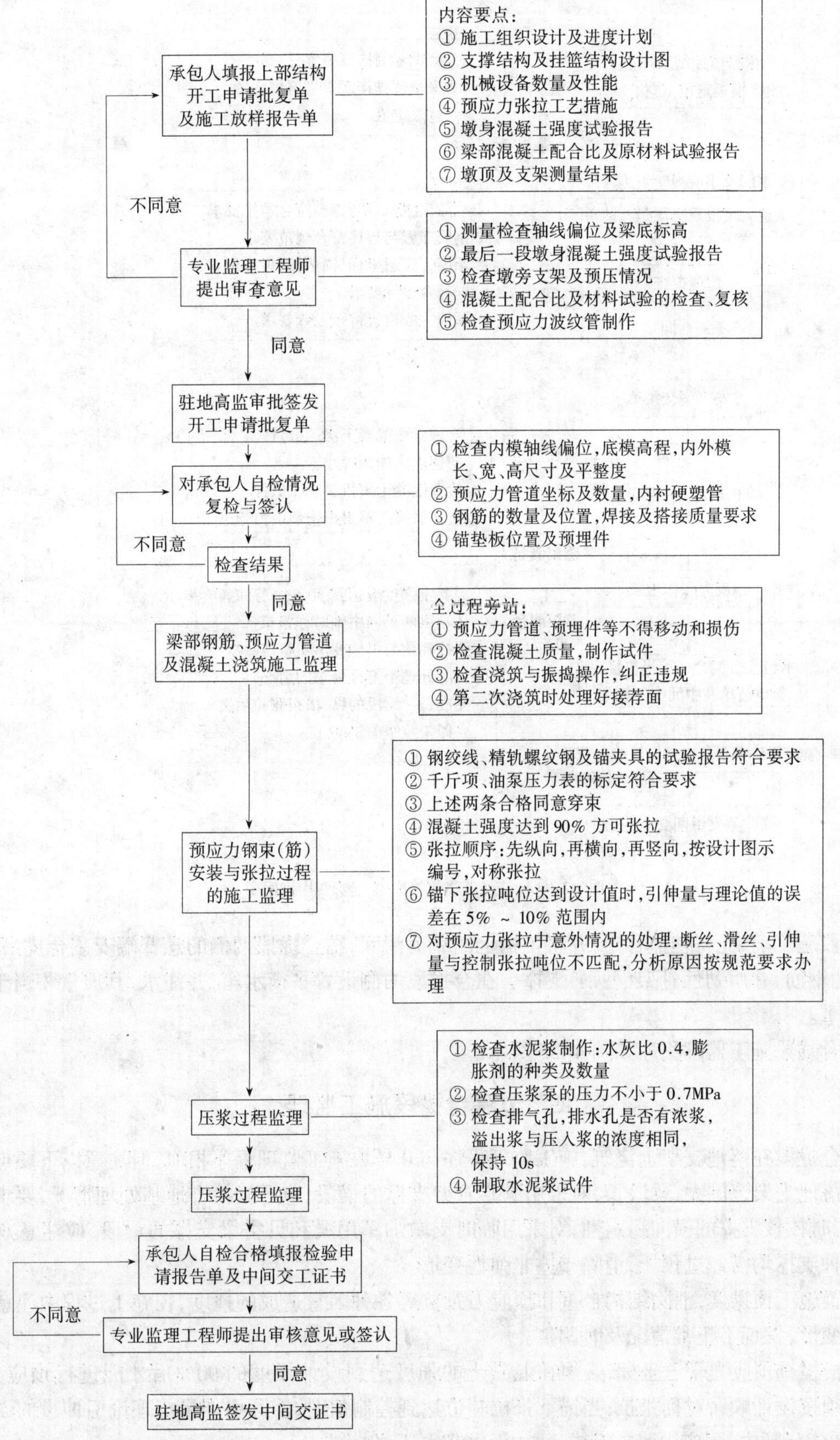

图 4-2-3 0 号梁段施工监理程序框图

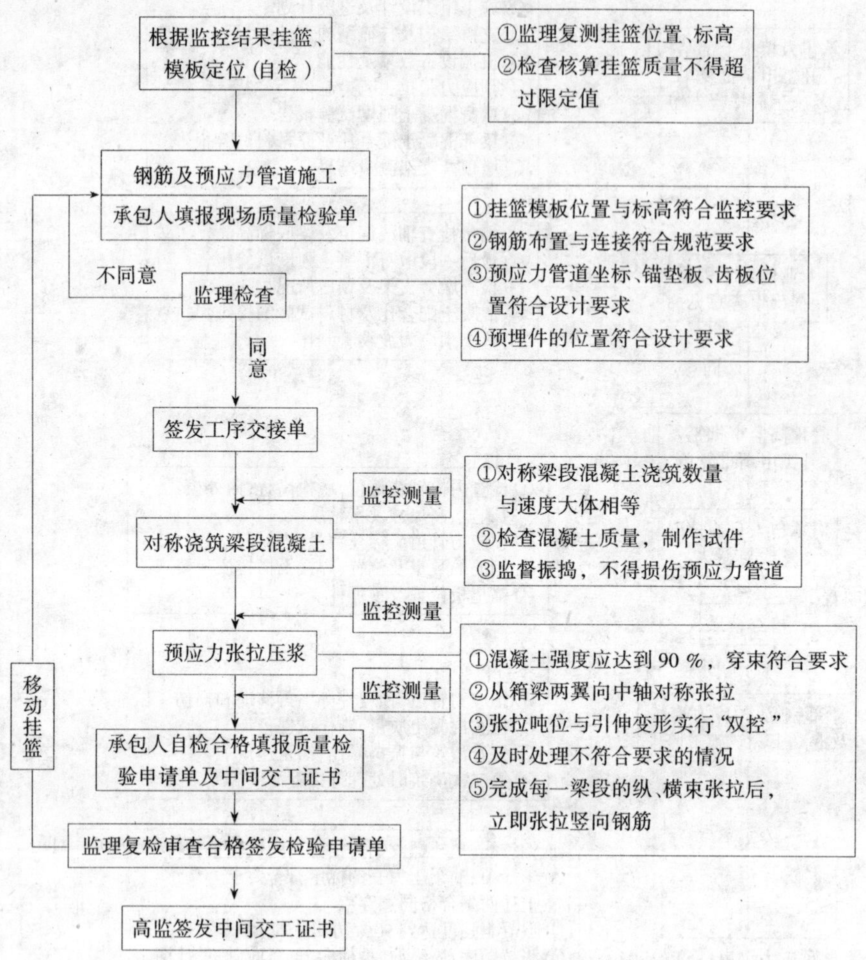

图 4-2-4　挂篮悬臂浇筑梁段施工监理程序框图

合拢段施工前，先将挂篮移走，并将T构上的载荷清除，在合拢段两侧的悬臂端安装合拢吊架，架设模板，绑扎钢筋，并用劲性骨架（型钢）支撑。在合拢段两侧设置平衡水箱，并注水，其质量相当于合拢段的混凝土重。

跨中合拢段施工监理程序如图4-2-5所示。

四、边跨合拢段施工监理

边跨合拢段在落地支架上浇筑，施工监理程序与0号块施工监理程序相似，但注意以下要点：

1.因落地支架范围大、梁段长，对采用满堂管架支撑的梁段，应严格检查地基处理情况，要求地基下沉稳定，同时校核支撑的横向稳定性；对采用临时支墩加军用梁和贝雷梁支撑的梁段，应注意观察梁的变形。两种支撑均需经过预压，消除支撑非弹性变形。

2.设置施工预拱度，消除结构自重和预应力张拉等各种因素造成的挠度，在施工过程中注意观察支撑和梁体变形，发现不正常情况及时调整。

3.严格检查预应力管道坐标，必须在混凝土的强度达到设计强度的90%后才能进行预应力张拉；张拉时必须按设计顺序对称张拉；当锚下张拉吨位达到控制值时，实际引伸量与理论引伸量的误差控制在5%～10%范围内；预应力张拉完成后14天内必须压浆封锚。

4.现场质量检验资料要齐备、完整，监理工程师应尽量做到现场签认，并及时记录有关情况。

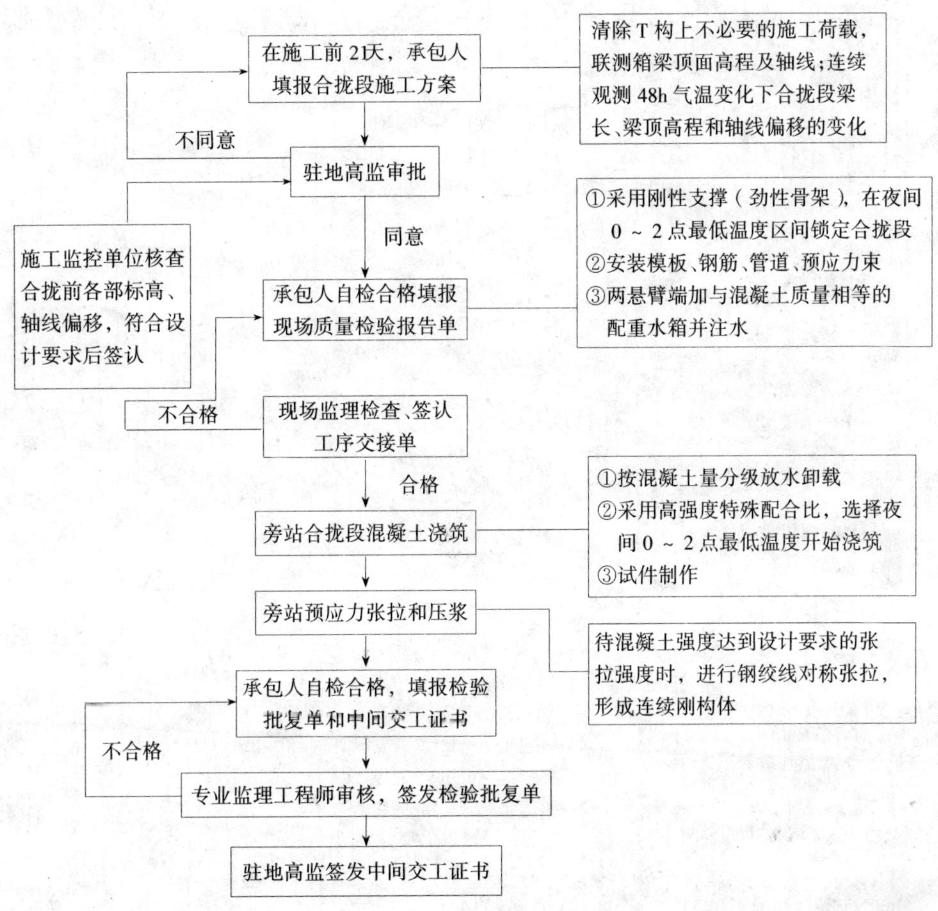

图4-2-5　跨中合拢梁段施工监理程序框图